CHARLES SIMOND
LAURÉAT DE L'ACADÉMIE FRANÇAISE

Quand je serai Chasseur

OUVRAGE ORNÉ

DE

SOIXANTE GRAVURES

de Bellecroix, Mahler,

Bogaërt, etc.

MAISON DIDOT
FIRMIN-DIDOT ET Cⁱᵉ, ÉDITEURS

IMPRIMEURS DE L'INSTITUT, 56, RUE JACOB

PARIS

Quand je serai Chasseur

11ᵉ SÉRIE. — Format in-8° jésus.

TYPOGRAPHIE FIRMIN-DIDOT ET Cie. — MESNIL (EURE). — 6446

Un joli doublé.

Quand je serai Chasseur

OUVRAGE ORNÉ

DE

Soixante gravures de Bellecroix, Bogaërt, Mahler, etc.

MAISON DIDOT

FIRMIN-DIDOT ET Cie, ÉDITEURS

IMPRIMEURS DE L'INSTITUT, 56, RUE JACOB

PARIS

QUAND JE SERAI
CHASSEUR

CHAPITRE Ier

GRAND-PÈRE
ET PETIT-FILS

— Quand je serai chasseur...

Grand-père ne me laissa pas achever et, clouant sur moi ses deux petits yeux gris qui m'entraient dans les prunelles comme des vrilles, il eut un sourire d'incrédulité, légèrement nuancé d'ironie :

— Quand tu seras chasseur, mon petit-fils, si tu le deviens jamais, tu

Charlot.

2

ne feras qu'un béjaune, comme ton gringalet de cousin Jean.

— Mais, grand-père...

— Un mauvais épouvantail à moineaux, esbrouffant le lièvre sans le toucher ni en flanc, ni en tête, gâtant le chien, entassant faute sur faute et ne sachant pas même consulter le vent.

— Cependant...

— Je te dis ma façon de penser, mon petit Charles, quoiqu'elle ne te plaise guère, je le sais, mais je t'ai accoutumé à ma franchise, et je soutiens que l'on te rend un fort mauvais service à te cajoler sans cesse comme fait ta mère, à répondre comme ta tante Cécile amen à tous tes caprices, à vanter comme ton précepteur, M. Chalopin, tes talents encore à naître et à te permettre comme ton père de parler de la chasse, quand tu devrais commencer par l'ABC et te faire montrer la différence entre la culasse et le canon d'un fusil.

Grand-père était bourru, quinteux, grognon, mais il m'aimait beaucoup. J'avais, d'ailleurs, pour lui faire oublier mes défauts et mes peccadilles, deux bonnes notes dans son esprit : j'étais son filleul et je savais par cœur les *Aventures de Bas de Cuir* qu'il m'avait achetées tout récemment pour fêter mes quatorze ans. Nous venions de construire, lui et moi, dans un bosquet fermé à tous les regards curieux par un rideau d'yeuses au fond de notre parc, une cabane de Robinson. Nous y avions accroché en une panoplie originale ses fusils, sa carnassière, son pardessus en soie imperméable avec capuchon, ses jambières en cuir, ses deux chapeaux, l'un en paille d'Italie, l'autre en feutre, son costume de toile et celui de laine, ses culottes courtes en coutil ou en drap, ses brodequins pour le temps sec et ses demi-bottes de marais pour les jours humides et boueux. C'est là qu'il s'habillait et lorsqu'il ne trouvait pas immédiatement sous la main ce qu'il cherchait, la tempête grondait, il y avait pluie de reproches :

— Je t'ai dit que chaque chose doit avoir son clou, le sien et pas d'autre, entends-tu? Je n'arriverai donc jamais à te faire saisir cela? Tu seras toujours désordonné. Voyons, où as-tu mis mes bas de veneur?

— Les voilà, grand-père, tout à côté de toi.

Il ne serait pas sorti sans les avoir aux pieds et aux jambes, ces bas de laine drapés, les seuls qu'il voulût en hiver.

— Et mes bottes?

— Les voici.

— Remplies avec l'embauchoir : tu n'as pas oublié la recommandation ?

— Et lavées, grand-père, puis, immédiatement après, graissées.

— Deux fois?

— Deux fois.

— C'est très bien. Je vois que tu n'es pas aussi étourneau, aussi tête de linotte que je le croyais.

Il m'attirait dans ses bras et faisait sonner sur ma joue un gros baiser de satisfaction.

— Décroche la carnassière, Charlot, et fais l'inspection du sac de cuir.

J'en énumérai pièce à pièce le contenu : la boîte de fer-blanc renfermant la provision de cartouches, le couteau avec tourne-vis, la pelote de ficelle, le taffetas anglais dans un petit calepin, le flacon d'alcool, la bouteille de cognac dans sa gaine d'osier avec le fermoir en métal, servant de petit verre, le carré de toile goudronnée pour s'asseoir dessus, au repos, sur un sol détrempé.

Il ne m'avait jusqu'alors emmené avec lui qu'à deux reprises, quand Michel, le petit gars qui l'accompagnait d'ordinaire pour porter la carnassière, avait dû rester chez ses parents à la ferme ; mais, malgré tout mon zèle, j'avais été un remplaçant si gauche que l'on ne m'avait plus invité à prêter aide.

Au retour de la chasse, après avoir passé la journée en plaine ou en forêt, grand-père aimait à se reposer quelques instants, avant de se déshabiller, dans la cabane, sur le banc de bois que nous avions fait rustiquement d'un tronc traîné là un matin à la force de nos bras. Il n'avait pas besoin de m'appeler : je l'attendais. Assis côte à côte, nous causions avec entrain, moi lui rendant compte de mes études, lui me racontant ce qu'il avait vu dans les taillis, sur les bordures, dans les agrainages de sarrasin, le long des haies et des étangs, sans oublier la conduite de son épagneul Mirza et les jolis doublés faits successivement.

— Trois, mon petit Charles ! le premier sur deux bouquins, le second sur un coq et un lapin, le troisième sur un coq et une bécasse, la première bécasse de la saison !

Grand-père était, de l'aveu de tous ceux qui s'y enten-

Grand-père et Mirza.

daient, le meilleur fusil du pays. On n'aurait pu citer de plus fervent disciple de Saint-Hubert. Jarret d'acier, endurance et flair de Peau-Rouge. Il allait, le matin, après la rosée, défaire la nuit du lièvre et le chercher au gagnage, partant avant l'aube et revenant avec un beau « financier », quand tout le monde était encore couché. Il connaissait admirablement ses chiens et il était si absolument connu d'eux, que tous lui obéissaient avec une passivité indémentie, ne piaillant pas, ne bricolant point, dociles et sages, empaumant la voie au signe de main et déjouant toutes les ruses du gibier en ses randonnées ou en ses crochets.

— Le commandant Barbaroux, disaient les gardes qui auraient parlé de lui un jour durant, quel brave homme et quel homme brave! Un chasseur comme il n'y en a plus assez! Praticien consommé, intrépide, infatigable, aimant la chasse pour elle-même, fin tireur, tuant raide au bon endroit, faisant ses cinq, six heures de suite sans être fourbu. Puis, tout ouvert, avec une cordiale poignée de main, montrant sur sa figure ce qu'il pense, sans jamais penser à mal.

Je savais par quel chemin j'étais sûr d'arriver tout droit à son cœur, très bon au demeurant, et aussi à mon but qui était de faire la prochaine ouverture avec lui.

— Apprendre à connaître un fusil? m'écriai-je avec conviction. Je ne demande pas mieux, grand-père, je te jure, et si tu avais le temps, si tu voulais... Malheureusement tu es si occupé...

— Jamais trop, mon petit Charles, pour ne pas pouvoir te donner des leçons. Mais à quoi bon? Tu n'en profiterais pas...

— Je t'assure...

Il y avait bien un peu d'hypocrisie dans mes yeux ; seulement, comme il n'était pas défiant, il n'y lut, ce jour-là, ou ne voulut y lire que la sincérité.

— Et puis, reprit-il avec un soupir, on ne chasse plus comme au temps où j'étais jeune, où j'avais ton âge. Autrefois, nous nous appelions tout simplement chasseurs. Aujourd'hui, on est sportsman : on part en battue, bien chaussé, élégamment vêtu, armé d'un beau fusil, suivi d'un porte-carnier, quelquefois de deux en livrée ; on ne met le nez dehors que par un temps superbe ; on s'empresse de rentrer à la première petite bruine ; on ne suit que des allées droites, tirées au cordeau, tenues au râteau ; on se fait donner d'avance les noms de tous les lièvres du terroir ; on ne s'occupe que d'avoir « son tableau » plus chargé que celui du voisin ; on fait des tueries comme en Allemagne avec des rabatteurs, en substituant la monotonie à l'imprévu, la prose à la poésie.

J'osai faire une objection.

— Il me semblait pourtant, grand-père, que le nombre des chasseurs s'était beaucoup augmenté depuis que tout le monde peut obtenir un permis à la condition d'avoir l'âge et de payer,... et moi-même...

Il eut un soubresaut et un geste d'humeur.

— Toi, mon petit Charles, si tu veux que nous restions bons amis, tu ne remettras plus ce sujet sur le tapis... Te rappelles-tu ton premier lièvre, ton seul lièvre plutôt, qui n'était qu'un levraut ? Il te déboulait dans les jambes, et pour tout autre novice que toi, c'eût été jeu facile. Tu l'avais à portée, en demi-travers, et rien n'était plus simple que de l'abattre ; mais comme tu n'as aucune idée des distances, tu n'avais pas calculé les tiennes, et tu l'as manqué. Heureusement, j'étais assez loin de toi ; sans cela je recevais tout ton plomb dans les mollets. Et tu étais pâle, mon pauvre Charlot ! Plus que pâle : blême ; un suaire ! Je me souviens que je te pris le poignet. Ton pouls battait la charge. Vingt pulsations à la minute. Tu n'avais plus une ombre de sang-froid. Cependant, d'habitude, tu n'as pas peur. Mais quelle émotion ! Pire que celle du levraut ! J'en ris encore. Il décampait lui, ha ! ha ! il nous aurait échappé s'il n'était pas venu droit à moi, là où j'attendais. J'aurais dû le faire exprès pour le rater. Il arrivait sur le canon de mon fusil. Nous le rapportâmes chez toi, mais je ne dis rien de ta prouesse et tu eus le bon esprit de n'en pas souffler mot.

— Tu ne m'as jamais laissé prendre ma revanche, grand-père.

— Et tu ne la prendras, mon gaillard, que lorsque je serai sûr de ne plus devoir te traiter en apprenti.

Un argument qui me parut irrésistible traversa mon esprit :

— Pour nager, dis-je, il faut entrer dans l'eau.

Grand-père me considéra du coin de l'œil.

— Tu y tiens donc tant, Charlot ? fit-il, très câlin, et avec une intention si bienveillante, ressemblant si peu à sa tirade de persiflage, que je ne pouvais croire qu'il continuait à me tourner en ridicule.

Il m'avait deviné.

— Pourquoi veux-tu être chasseur?

L'interrogation était directe, la réponse devait être prompte.

— Parce que, grand-père, repartis-je avec feu, la chasse est de tous les plaisirs permis, celui qui m'attire le plus. Tu sais mieux que personne ses attraits. Tu ne pourrais t'en passer, n'est-ce pas? Et je parie que si tu étais perclus des jambes, tu poursuivrais encore le gibier, en voiture, comme le maréchal de Saxe faisait la guerre.

Un bon rire m'approuva.

— L'allusion me démontre, dit-il, que tu sais faire usage de tes lectures. Cela mérite une récompense. Tu veux apprendre à chasser? Mais sais-tu quelle maxime tu devras pratiquer pour ne pas revenir bredouille à chaque sortie en campagne?

— Non, je...

— La maxime du maréchal de Saxe lui-même...

— Et quelle est-elle, grand-père?

— Ha! ha! monsieur le demi-savant. Te voilà aussi coi qu'intrigué!

Mon regard disait si bien mon dépit qu'il ne voulut pas me taquiner davantage.

— Relis tes livres, Charlot. Tu l'y trouveras : « beaucoup de calme et pas de précipitation ». C'est tout l'art de la chasse, mon ami, mais on n'en possède pas la grammaire en un jour.

— Quand lirons-nous la première règle?

La vivacité de ma réplique n'était pas pour lui déplaire. Un reflet de contentement se peignit sur ses traits.

— Tout de suite, si tu veux. Il y a du chemin à faire, même en évitant les hourvaris, car tu n'es, quoique fort en thème, pas encore en état de distinguer une voie de lièvre de celle du lapin, ou, pour m'exprimer nettement, en matière de chasse tu as tout à apprendre.

L'ouverture de la chasse.

— Tout, oui, grand-père, exactement tout.

— J'aime cet aveu. Eh bien, en me déshabillant pour changer de vêtements, je commencerai... A une condition...

— Je les accepte toutes d'avance.

— Tu m'écouteras sans faire de questions.

Je fis un signe d'acquiescement.

Et les coudes sur les genoux, la tête dans les deux mains, bien levée, les yeux fixés sur grand-père, les oreilles tendues, je ne perdis pas une phrase.

J'ai retenu toutes ses explications.

Elles durèrent plusieurs semaines, mais elles étaient si pleines de faits inconnus pour moi, si attachantes par la nouveauté et l'intérêt des·détails, par l'abondance des renseignements, qu'elles m'ouvrirent tout un domaine instructif et amusant dont j'avais jusqu'alors ignoré le premier mot.

Avec quel empressement je rappelais chaque jour à grand-père, après mes devoirs faits et mes leçons récitées, que c'était l'heure de faire un tour à la cabane! Je glissais ma main sous son bras et je l'entraînais. Il se laissait mener avec bonhomie, et, chemin faisant, il reprenait son fil de discours à l'endroit où il l'avait quitté la veille. Un conte de Perrault ou de Mme d'Aulnoy, un roman de Cooper ou de Mayne-Reid ne m'aurait pas captivé à ce point. Il me semblait que je marchais avec lui à la découverte, que nous étions deux pionniers, et que tout en allant de l'avant, nous cueillions des plantes, des herbes, des fleurs, comme des botanistes en excursion, car je n'arrivais jamais à notre hutte de Robinson, depuis ce premier jour de leçons, sans une brassée de notions, et je n'en revenais pas sans avoir la tête remplie d'ineffaçables impressions.

Grand-père avait une méthode d'enseignement toute particulière. Il me disait :

— Les chiens bassets ont la menée lente, les briquets sont vites; comme amateur, je préfère les premiers, tout en n'oubliant pas que souvent ils rapaillent dans les terres labourées sans avancer. Mais qui n'a pas ses torts? Quêter sagement, en foulant le taillis pied à pied, voilà ma manière.

Et il la suivait pour m'instruire, comme il eût fait d'une

sente dont il connaissait le débouché avant de s'y engager, ne se jetant, autant que possible, ni à droite ni à gauche, mais s'assurant de temps à autre si je lui emboîtais le pas, souriant quand je ralliais à lui et fronçant le sourcil lorsque je paraissais distrait.

— Voilà! s'exclamait-il dans ce dernier cas, je crois te tenir près de moi, et tu te laisses emporter par le plaisir d'entrer au bois! Fi de ça, fi! Qui sait maintenant combien va durer le défaut?

— Pourtant...

— Je t'avais prié de ne pas m'interrompre. Où en étais-je? A la voie, Charlot! Reprenons les arrières! Il n'y a pas un quart d'heure que nous courons et tu mulottes déjà. Es-tu à bout, sang bleu!

Ses leçons, émaillées de termes de chasse, avaient l'entrain d'un bien-aller. Il les improvisait. Parfois, il n'arrivait point dès le départ sur la piste, mais il savait sortir du mauvais pas, quand il se sentait à contre-pied, et alors prestement il se démêlait. S'il s'apercevait de quelque impatience dans mon hochement de tête, il la calmait par une parole affectueuse :

— Bellement, mon petit Charles, tout bellement!

Quand, le sujet épuisé, il découvrait, dans mon regard, que je pouvais aller plus loin et apprendre, ce jour-là, quelque chose de plus, il était heureux.

— Parfait, mon ami, parfait, nous menons à bon vent, disait-il en me donnant une tape sur la joue, tu as du pied. Te voilà comme un briquet d'Artois qui prend aisément ses deux lièvres en sa journée.

C'est à grand-père que je dois toute ma science de la chasse et je n'ai qu'à me rappeler ce qu'il m'a enseigné pour le redire ici. En mettant ses entretiens par écrit, en ne m'y attribuant d'autre mérite que celui de les avoir retenus, je rends un hommage à sa mémoire qui m'est restée si chère. Je le revois toujours dans ma pensée, avec sa robuste carrure, sa taille restée haute, quoi qu'en eût sa vieillesse, ses yeux étincelants sous les sourcils prononcés et courant sans repos dans leurs orbites. La vivacité de ses mouvements, qui était celle de son tempérament, n'ôtait rien à sa bonté naturelle tout en dehors. Je n'oublierai jamais le pétillement de son regard, le son de sa voix si claire et cette douceur qu'il savait employer, sans ombre de maussaderie, pour me répéter ce que je n'avais pas bien compris une première fois. Tous ses souvenirs étaient méthodiquement classés. On eut dit d'un meuble tout plein de tiroirs ayant chacun une destination particulière et contenant en des cases différentes les documents sans plis, sans oreilles, rangés par numéro d'ordre de telle façon qu'il s'y retrouvait sur-le-champ. Lorsqu'il en faisait le dépouillement pour moi, j'étais si attentif, si recueilli et tellement silencieux que rien n'aurait été capable de me faire tourner la tête ailleurs.

— Qu'est-ce donc qu'ils peuvent bien comploter dans cette cabane? disait parfois tout haut à table mon père en m'interrogeant des yeux.

— Cela, répondait grand-père, c'est notre secret, et nous le gardons pour nous, n'est-ce pas, Charlot?

M. Chalopin, qui croyait avoir seul le droit d'emmaga-

siner dans mon cerveau, ne cachait pas toujours sa jalousie
d'avoir pour concurrent le commandant Barbaroux; mais
grand-père, qui connaissait son faible pour les bécassines,
disait malicieusement :

Sultan.

— Il y aura de la sauvagine, cette année, monsieur le professeur, et nous en prendrons certainement notre part si nos
chiens continuent à chasser ensemble.

Mon précepteur avait l'oreille fine. C'était un entendeur à
demi-mot. Nous savions tous qu'il était sur sa bouche et qu'il
ouvrait les narines au fumet du gibier. Aussi se gardait-il
bien d'articuler une syllabe qui aurait pu le mettre mal dans

les papiers de grand-père, mais il ne pouvait dissimuler ses pensées trahies par son visage.

Grand-père, lui, d'un air de ne pas y toucher, riait dans sa barbe grise, tout en adressant à M. Chalopin des questions ahurissantes :

— Les chiens de Crète et de Laconie avec lesquels les Grecs chassaient le sanglier étaient-ils également bons à l'eau et au bois? Endymion fut-il changé en dix-cors ou en grand vieux cerf? La bête de l'Erymanthe prise par Hercule qu'était-ce au vrai? Un quartanier ou un solitaire? La meute stygienne d'Artémis valait-elle nos braques à courte queue du Bourbonnais, et peut-on la comparer aux vautraits d'aujourd'hui ?

Le professeur, tout rouge, dissertait en appelant à son secours Homère, Hésiode, Xénophon, Apollodore, Virgile, Ovide, tandis que grand-père l'excitait par quelque remarque interjetée deçà et delà, qui ressemblait pour moi à un « hou! hou! prenez mes beaux, hou! » avec lequel on mène les chiens dans le courre en entrant sous bois.

C'était, toujours, le soir au dessert qu'avaient lieu ces propos de table où je trouvais, à chaque occasion, à glaner quelque chose d'instructif, car grand-père avait beaucoup lu, beaucoup vu et sa mémoire ne tarissait pas. M. Chalopin, qui maniait plus facilement la plume que le fusil et qui n'avait, je crois, pas dépensé jusque-là six livres de poudre, se déclarait l'adversaire de « ces plaisirs cruels ». Et grand-père de s'écrier :

— Plaisirs cruels? Sachez qu'il n'y en a pas de plus noble

de plus profitable à la santé, de plus utile à l'existence. Tous ceux qui chassent quotidiennement deviennent vieux. L'esprit et le corps s'y retrempent. Quoi de plus propre à leur donner de la vigueur à l'un et à l'autre? Où goûter mieux la liberté et l'indépendance? L'homme a du reste toujours chassé. D'abord pour se défendre, se nourrir, se vêtir, quand, à l'âge de la pierre taillée, il était aux prises avec les grands errants des forêts, l'auroch, le mammouth, l'éléphant à crinière, et n'avait pour armes que ses bras, ses mains, ses ongles, ses dents, des pierres et des bâtons.

— Et l'arc et les flèches, complétai-je.

— On n'en fit usage que plus tard, mais cependant avant le déluge. Ce fut Lamech, fils de Mathusalem et père de Noé, qui fabriqua les premiers arcs. Il donna aux flèches des pointes en pierre, puis en fer, lorsque ce métal fut travaillé par les forgerons, à qui Tubalcaïn, un autre fils de Lamech, avait enseigné son métier. Grâce à l'invention de ces traits meurtriers, permettant de frapper les animaux sauvages et féroces à distance, et hors de leur atteinte, il fut possible de s'adonner à la vie pastorale et agricole qui est le début de la civilisation. Sans la chasse et sans la victoire du chasseur, fort de son arc, on n'aurait pu en effet se défendre contre les agressions des bêtes hostiles et dangereuses. Aussi les grands chasseurs sont-ils honorés dans ces temps reculés : Nemrod, fils de Chus et petit-fils de Cham, qui fut le premier des rois puissants et fonda les premiers empires, Babel, Accad, Scinhar, Assur, en bâtissant les grandes villes, Babylone, Ninive, Rehoboth-Hir, Calah, Résen ; puis Hercule, le dompteur de monstres, immortel par ses douze travaux; puis Cyrus le conquérant dont les meutes étaient si nombreuses qu'il dut désigner plusieurs satrapies pour subvenir à leur entretien. Lycurgue ne fit-il pas une loi qui obligeait les Lacédémoniens et même les Lacédémoniennes à partir chaque matin pour la chasse?

— Mais Solon la défendait aux Athéniens, interrompit M. Chalopin.

Grand-père releva vivement la contradiction en appuyant sa réponse d'un regard significatif qui donnait à comprendre à l'interrupteur que la bécassine entrevue s'envolait à tire d'aile :

— Athènes n'en compta pas moins des chasseurs et des chasseresses dont le nom égala celui d'Atalante et de Méléagre et dont l'habileté rivalisa avec celle des Spartiates, des Thessaliens et des Thraces. Thésée, l'un des héros les plus glorieux de l'Attique, fut, après Achille, le meilleur élève de Chiron et se distingua entre tous dans les battues de Calydon. Et sans nous arrêter à la Grèce, les patriciens de Rome ne faisaient-ils point leurs délices de la poursuite des fauves? Vos plus illustres écrivains de l'antiquité latine, les Pline, les Cicéron, tenaient dextrement l'épieu et ne laissaient point, comme tant d'autres, à leurs esclaves le soin de leur rapporter du gibier.

Les Romains étaient si avides de ces émotions de la chasse qu'ils s'en donnaient le spectacle dans Rome même. Les cirques se transformaient en forêts où on lançait des cerfs, des daims, des ours, des sangliers, des lions, des tigres, sur lesquels se ruaient les chasseurs. Les empereurs prenaient part à ces traques dans l'arène, et il n'était pas rare d'assister dans l'amphithéâtre à un de ces formidables hallalis où tout offrait l'illusion de la réalité. Tel qui voulait se faire nommer édile payait au peuple des jeux de bestiaires. On abattait sous les yeux de la foule, ivre d'enthousiasme, jusqu'à mille ours en une journée, et le succès du candidat à la charge vacante dépendait du nombre des animaux tués par lui.

Auguste dut surtout l'attachement de la plèbe aux vingt-six chasses qu'il organisa successivement dans Rome et où périrent trois mille cinq cents hôtes du désert. Commode, qui se mesura seul trente-cinq fois avec eux et fut toujours vainqueur, n'était qu'un tyran odieux dont les cruautés inspiraient la terreur, mais on le subit pendant douze ans sans murmure parce qu'il avait mis à mort cent lions. Et quand César, dans ses *Commentaires,* parle de la bravoure des Gaulois, il n'oublie pas de dire qu'ils faisaient preuve d'intrépidité, non seulement à la guerre mais aussi à la chasse. « Le danger leur est si familier, ajoute-t-il, qu'on les voit pénétrer sans crainte dans les antres les plus redoutables. »

Les Francs, nos aïeux, étaient tous sans exception, guerriers, prêtres, ou chefs de tribus, des chasseurs passionnés. Saint Germain d'Auxerre, saint Hubert, saint Eustache, avant de devenir des serviteurs de la foi, forçaient le lièvre à la course, cherchaient le cerf au refui, le sanglier dans sa bauge, et s'enorgueillissaient de leurs exploits. Charlemagne ne prit le nom de *Grand* que le jour où il tua de sa main un ours qui ravageait le pays. Tous les rois de France furent chasseurs, sauf Henri III, et encore ce dernier avait-il une meute et des faucons.

M. Chalopin n'insista pas, et, se levant avec animation, — était-ce à cause de sa bécassine ou parce qu'il voyait, avec elle, s'évanouir tous ses arguments :

— Je ferai comme Cicéron, si vous n'y trouvez pas d'empêchement, commandant, dit-il, et dès demain je m'achèterai un fusil, ou plutôt, si voulez bien me rendre ce service, je vous serai reconnaissant de faire cette acquisition pour moi. Puis, j'abuserai de votre obligeance en vous priant de me procurer quelques ouvrages de vénerie.

— Il y en a tout une bibliothèque, cher monsieur.

La physionomie de grand-père exprimait la joie d'avoir fait une recrue.

— J'en ai le commencement, repartit mon précepteur, les *Cynégétiques* de Xénophon, le traité *sur la Chasse* d'Arrien, dans l'édition publiée à Paris in-quarto, en 1644, et où il est question de chiens qui prenaient quatre lièvres par jour ; le poème didactique qu'écrivit Oppien de Cilicie sur la pêche ou *Halieutiques*...

— Vous pouvez y joindre la *Vénerie* de Jacques du Fouilloux, si vous la trouvez, car lorsqu'il en figure par hasard un exemplaire dans les ventes, il atteint facilement de 400 à 500 francs. Ou bien la *Chasse royale* de Charles IX, qui est encore plus rare, ou l'*École de la chasse* de Le Verrier de la Conterie, ou les ouvrages plus récents, mais non moins

excellents, d'Elzéar Blaze, de d'Houdetot, du commandant
Garnier, d'A. de la Rue... Quant au fusil, c'est à vous à dicter
votre choix, et je ne me risquerai point à vous suppléer. Savez-
vous pourquoi? Je vous le dirai tout de suite. Parce que le
fusil doit s'adapter à l'homme, et non seulement à sa taille,
mais à son tempérament.

Sous bois.

CHAPITRE II

LE FUSIL

M. Chalopin ou-
vrit de grands yeux.
— Vous voulez
dire, commandant...
— Que je ne
ferai jamais cadeau
d'un fusil ni au meil-
leur de mes amis ni
au pire de mes ennemis. Il en est en effet de l'arme d'un
chasseur comme de son vêtement. Je n'irai pas à votre place

chez le tailleur prendre mesure, de même je ne passerai pas chez l'armurier pour faire emplette d'un fusil à votre usage. Je devrais, au préalable, savoir vingt choses qui nécessiteraient tout un tas d'interrogations. Vous ne vous doutez pas du mal et du temps que cela exigerait. Une véritable enquête, cher monsieur.

Ainsi je commencerais par réclamer votre extrait de naissance afin de connaître votre pays d'origine. Un Français ne chasse point, par exemple, avec le même fusil qu'un Belge, un Allemand, un Hollandais, un Anglais, un Espagnol, un Italien. Le Français, vif et léger, veut une arme qui ne lui pèse point au bras et qui avec cela ait un cachet spécial de fini et d'élégance. Il est né chasseur; mais s'il aime son fusil autant que son chien, il ne chassera qu'à la condition de pouvoir donner satisfaction à son goût pour ce qui brille. Il inspectera les canons, les platines, les garnitures, sous ce point de vue avant tout. Il est toujours un peu poète et la coquetterie étudiée, ce qu'il appellera le pittoresque, entrera plus ou moins dans ses décisions.

Le Belge, le Hollandais, l'Allemand, au contraire, ne s'occupent que de tuer. L'arme qu'il leur faut est celle qui abat la pièce, plume ou poil, à coup sûr. Ils ne songent pas au qu'en dira-t-on et s'inquiètent si peu de l'opinion de leur voisin, qu'ils s'isolent le plus souvent, chacun marchant à son gré. Ils ne chassent que pour rentrer au logis le carnier plein. L'Anglais, tireur parfait, attache du prix à la précision, et, par principe, ne croit qu'à la fabrication anglaise. L'Espagnol se rapproche du Français; mais, moins con-

naisseur, il se laisse plus facilement que nous tromper au
poinçon qui est censé indiquer la provenance de l'arme :
il achètera un fusil de Liège ou de Saint-Étienne en se
laissant persuader que c'est un Birmingham ou un Was-
hington. L'Italien ne tire guère qu'à l'affût et choisit son
fusil en conséquence. Ajoutez qu'un tel ne fait de bonne
besogne qu'avec une crosse droite et longue, tandis qu'un
autre ne peut rien entreprendre sans une crosse demi-courte.
Et puis, il convient de tenir compte de la taille du chasseur,
de sa carrure, de sa longueur de bras et de cou.

Vient ensuite la question des aptitudes. Un bon arquebusier
doit confesser son chasseur, avant de lui montrer un fusil. A-
t-il affaire à un dilettante qui chasse pour la parade ? à un
amateur de la campagne pour qui la course, la fatigue, l'aspect des paysages sont le principal, et l'arme, le gibier, l'ac-
cessoire ? à un Parisien qui sait les yeux fixés sur lui ? à un pro-
vincial, moins difficile tout en se croyant plus malin ? à un
étranger, plus indifférent, plus timide, plus embarrassé ? Autant de problèmes à résoudre d'un coup d'œil, dès l'entrée
du client dans le magasin et dont la solution dépend en
outre des circonstances.

— Mais, à votre avis, commandant, quel est le meilleur
fusil ? Vous pouvez en juger mieux que personne, car vous
avez dû, au cours de votre longue expérience, pratiquer tous
les systèmes anciens et nouveaux.

Grand-père hésita un instant. Puis, d'une voix qui voulait
couper court à la réplique :

— Le meilleur fusil, cher monsieur, je vous l'ai déjà dit

c'est le mien... pour moi... et ce sera le vôtre... pour vous... Consultez n'importe qui, sur la dimension de l'arme qui vous servira le mieux, sur son calibre; *quot capita tot sensus,* comme disent vos Latins, autant de têtes, autant d'opinions. Je le répète, cela dépend de la complexion du tireur, de son physique et aussi de son moral.

Assurez-vous d'abord de la mise à l'épaule; qu'elle soit facile, aisée, avec une couche ni trop droite ni trop courbée; veillez au canon : étoffé vers le bas de la culasse et, au contraire, léger de la volée, du bout, comme l'étaient nos vieux fusils que je regrette et qui faisaient en de bonnes mains autant d'excellent travail que les plus perfectionnés de nos jours.

D'ailleurs vous connaissez le proverbe : tant vaut l'homme, tant vaut la terre. De même tant vaut le chasseur, tant vaut l'arme. Ceux qui, aux premiers âges, devaient se contenter de ce qu'ils avaient : une massue, une fronde, un arc et des flèches, suppléaient au reste par l'habileté, et c'est elle en définitive qui est surtout indispensable. Les arbalétriers, qui lançaient des projectiles acérés, tuaient du gibier, malgré l'imperfection de leur arbalète. Le fusil à rouet, inventé au seizième siècle, cent cinquante ans après la découverte de la poudre, remplaça l'arme de trait par l'arme à feu, mais pour manier celle-ci, à la chasse, il fallut autre chose que l'intelligence et la pratique du mécanisme. Un mauvais chien sera toujours un « houret »; un chasseur maladroit fera long feu en toute rencontre. Fusil à mèche, fusil à pierre, fusil à baguette, fusil à tambour, fusil à broche, fusil à percussion centrale, *choke-bored, choke-rifled*, j'en ai connu, vous disiez bien, et employé de tous les genres; je conserve les vieux dans ma vitrine de chasse comme des reliques, et les nouveaux iront les rejoindre lorsqu'à leur tour ils seront démodés; mais s'ils pouvaient conter eux-mêmes leurs exploits, vous seriez bien surpris d'entendre que ceux qui ont abattu le plus de belles pièces, n'ont pas toujours la plus jolie mine. Attendez, je vais vous en faire voir un dont les mémoires seraient bien curieux à écrire...

— Je sais lequel, grand-père, et si tu me le permets, j'irai le chercher.

— Va, mon petit Charles.

Je revins au bout de quelques minutes, mais lentement, courbé sous le poids.

Le fusil de grand-père excita l'hilarité. Il n'avait pourtant rien d'extraordinaire, mais son aspect étriqué et grêle, la grosseur du calibre, l'excessive longueur du canon contrastaient avec ces armes élégantes qui charment la vue aujourd'hui à la devanture d'un armurier.

— Il date d'avant les chemins de fer, et j'avais vingt-cinq ans quand je l'achetai. C'était alors le tout récent modèle et il me coûta cher. J'étais fier de lui. Nous avons fait des lieues ensemble, je vous promets. Il doit connaître sa carte de France. Nous étions d'inséparables compagnons. Que de journées passées à nous deux dans les belles plaines de la Beauce où le gibier était alors si abondant! Que de merveilleux coups je lui dus dans les tourbières de la Picardie! Certainement la mise en joue, et surtout la mise au droit, n'allait pas sans inconvénient, mais en quelques jours je m'étais accoutumé à l'épauler sans tâtonnements et à ne plus trouver de gêne dans son point de mire volumineux qui, aux premiers essais, s'interposait entre le canon et le gibier. Ce qui prouve sa bonté, c'est qu'il n'a nécessité qu'une ou deux réparations tout à fait insignifiantes. Je puis dire qu'il a, durant des années, fonctionné sans donner lieu à un seul reproche, et il aurait fourni toute ma carrière de chasseur si, comme tout le monde, je ne m'étais épris des nouveautés. J'ai eu à regretter mon ingratitude. Celui qui lui a succédé est parti dans mes mains et c'est miracle que je n'ai pas été tué.

Ah! mon vieux fusil de 1820! Quel fidèle camarade! Aussi l'ai-je entretenu avec un soin jaloux. Pour rien au monde je ne l'aurais donné à nettoyer à un garde. Et je ne remettais pas le nettoyage au lendemain. Jamais, une fois revenu chez nous, je ne l'ai laissé exposé à l'air ni à l'humidité: graissé à l'intérieur et à l'extérieur, essuyé au tampon sec, enveloppé dans son fourreau de laine, il était brillant à ravir, lorsque je le reprenais, et l'œil le plus scrupuleux, le plus sagace, n'y aurait pu découvrir une tache de rouille. Maintenant encore, je lui prodigue une constante sollicitude; je le traite avec ce respect que l'on a pour les serviteurs à qui l'on ne demande plus de travail à cause de leur grand âge, mais dont les bons services restent inoubliables.

Il a pour moi un autre mérite, c'est qu'il est de Paris, et le fusil de Paris prime tous les autres. Je ne veux que ceux-là. Non par patriotisme, mais parce que je suis de ceux qui croient que la France peut lutter avec ce que l'étranger nous offre

Dans le parc.

de plus achevé. Je ne comprends pas que l'on soit esclave
de l'anglomanie ou de l'américanomanie au point de s'enti-
cher de tout ce qui vient de Londres et de New-York, en
payant 2.000 francs une arme de choix que nos maisons de
France, dont la réputation n'a pas démérité, Fauré-Le Page,
Gastinne-Renette, livreront dans des conditions de perfection
absolue à 1.500 ou 1.600. Je sais qu'il ne faut pas disputer
des goûts et des couleurs, et je laisse à chacun le droit d'a-
cheter ou il lui plaît et ce qui lui convient, mais je garde
mes préférences avec ténacité.

Vous m'avez demandé conseil. Voici le seul que je puisse
vous donner : ayez un fusil qui au maniement fasse corps
avec vous. La crosse en cœur de noyer, et toute l'arme bien
équilibrée. Point d'excès de lourdeur, point de trop grande
légèreté — trop lourd, le fusil fatigue et tombe mal en
joue ; trop léger, il recule et manque de sûreté dans les effets
de tir. Point de luxe non plus : de la simplicité, ce qui ne
veut pas dire absence de goût.

Aujourd'hui nous sommes des raffinés et serions montrés
au doigt si nous reparaissions avec le vieux fusil que voilà, tout
comme on plaisante ceux qui, pouvant se payer cheval et
voiture, débarquent en pleine ville avec la berline de ma
mère-grand et une haridelle efflanquée, proche parente de
Rossinante. Il faut marcher avec son temps, et suivre le progrès n'est pas un sacrifice. Prenez donc un fusil se chargeant
par la culasse, et, qu'il soit à broche ou à percussion centrale,
portez votre attention sur la fermeture et le calibre. Une
fermeture française, à double verrou avec levier à volonté,

en avant de la sous-garde : c'est la plus solide, la seule qui soit vraiment commode, et avec laquelle on n'ait à redouter aucun accident. Pour ce qui est du calibre, il doit varier selon que vous chassez en plaine, en forêt ou au marais.

— Ce qui revient à dire, grand-père, qu'il vaut mieux trois fusils qu'un?

— Évidemment. Mais beaucoup de chasseurs doivent se borner au moins faute d'atteindre au plus. Huit sur dix n'ont qu'un seul fusil. Si c'est votre cas, monsieur le professeur, — et pour débuter il n'en faut pas davantage, — prenez le calibre 16. Il vous servira en toute saison et vous permettra de tirer de loin comme de près. Avec mon calibre 20 que voici, j'ai fait des chasses abondantes, agréables et belles, mon tir était rapide et je tuais trois pièces sur quatre. On y reviendra, on y revient déjà. Mes coups étaient plus précis, mon arme bien en main, et je corrigeais le hasard par l'adresse.

Un sportsman vous dira que le calibre 12 donne le moyen de frapper le gibier à une plus grande distance, tout en augmentant la destruction. D'accord, mais tuer n'est pas massacrer. Un calibre 12 n'est utile et bon que dans les battues en plaine, dans les chasses en bateau, ou bien encore quand on tire le canard au marais. En tout autre cas et particulièrement dans les tirs de très près, il broie la pièce, au lieu de la démonter coquettement, hache et gâche, réduit le lapin et le faisan en chair à pâté et troue le chevreuil comme ferait un boulet en lui envoyant toute la charge en plein coffre.

Le calibre de l'arme en détermine la longueur. Ceci est en rapport direct avec cela. Toutefois les proportions du canon sont subordonnées au type et à la charge de poudre. Celle-ci est *vive* ou *lente*. Vive, elle agit brusquement ; *lente,* son action est progressive. La première convient aux canons courts, la seconde, aux canons longs. Les types de la poudre diffèrent selon la finesse des grains et comprennent deux catégories — fine ordinaire, superfine forte, — divisées en quatre numéros d'après le nombre de grains au gramme ; le dosage ou la charge se modifie selon la qualité mais surtout selon l'arme, sa taille, son tempérament et son régime. L'expérience en décide.

Un chasseur doit étudier son fusil et cette étude ne s'acquiert qu'à l'œuvre. Il ne saura exactement la quantité de poudre à employer pour chaque coup qu'après de fréquents essais. De même pour le plomb dont le numéro dépend de la grosseur et dont l'emploi varie avec les saisons, la nature du gibier que l'on chasse, l'état de l'atmosphère et bien d'autres circonstances. Un bon chasseur sait quel plomb il doit adopter pour tel ou tel gibier et n'en change pas ; le très gros, — simple, double, triple ou quadruple zéro, — lui sert à tuer le loup, le daim, la biche, quelquefois mais plus rarement le cerf, le chevreau, le sanglier qui se tirent à balles. Le gros plomb n'atteint pas mieux que le petit, au contraire, mais il dévie moins et a plus de portée. Plus le gibier est grand, plus le numéro du plomb se rapproche de zéro, et pareillement en sens inverse. Ainsi on tire le lièvre avec les n°s 2 et 3 et même 4, le perdreau avec du 7 et 8, la bécassine et la caille avec du 9 et 10, l'alouette, la grive, les menus oiseaux du 11 et 12.

« Mais il ne suffit pas d'avoir une bonne arme, de bonne poudre et de bon plomb; le coup de feu ne sera efficace qu'à la condition d'avoir une cartouche bien fabriquée et cette fabrication réclame deux choses indispensables : une douille excellente et une bourre de première qualité.

« La douille, vous le savez, est un tube creux, cylindrique dans lequel on verse la charge, poudre et plomb, que l'on fait ensuite entrer ainsi garnie dans la chambre du fusil. En carton résistant, à renfort métallique, elle doit être choisie avec soin, vérifiée et répondre aux exigences. Les mêmes précautions sont nécessaires pour la *bourre* destinée à maintenir la charge, en obstruant, c'est-à-dire en bouchant hermétiquement la chambre, de manière à ne pas laisser passer les gaz et à les retenir emprisonnés jusqu'à ce qu'il y ait expulsion hors de la bouche du canon. Une bourre grasse, épaisse, sera par conséquent la meilleure.

« Les novices et les maladroits achètent leurs cartouches toutes faites, le vrai chasseur ne compte pour les confectionner que sur lui-même. Il est certain de cette façon d'avoir son coup préparé comme il l'entend et il ne court pas le risque de le rater. Faire une cartouche s'apprend assez vite, pour peu qu'on soit « débrouillard ». On prend la douille bien ouverte et l'on y verse avec une chargette graduée la mesure de poudre voulue. Ensuite on fait descendre sur celle-ci une rondelle en carton imperméable; après quoi l'on bourre en appuyant légèrement sans écraser. Par-dessus la bourre, dans certains cas, par exemple si le canon est *choke-bored* (1), on introduit une seconde rondelle de carton lustré ou goudronné. Enfin l'on verse le plomb jusqu'à l'orifice de la douille, en agitant celle-ci pour obtenir un tassement uniforme des grains. On ferme avec de la demi-bourre ou simplement avec un carton blanc. Pour les cartouches à balles, le procédé est encore plus simple : charge de poudre, bourre grasse, tassement, introduction de la balle ronde ou conique, préalablement trempée dans le suif fondu, étranglement de la cartouche avec un instrument affecté à cet usage.

— Mais, grand-père, m'exclamai-je, oubliant ma promesse de ne rien dire, tu m'avais annoncé que nous aurions bien du chemin à faire et nous voilà déjà au but.

Deux mots secs calmèrent mon enthousiasme :

— Tout beau !

Il y eut un instant de silence, et je sentis que je devais être plus rouge qu'une cerise, car mes joues étaient brûlantes. M. Chalopin s'en aperçut :

— Vous avez parlé trop vite, mon ami...

— Et en étourdi, ajouta grand-père. Tu te crois arrivé et tu n'es pas encore parti. Combien de temps as-tu mis à apprendre le latin que tu crois savoir ? Quatre ans, cinq peut-être, et à quoi se résume ton bagage de science ? A

(1) Le *choke-bored* (mot anglais composé de deux verbes *to choke,* étrangler et *to bore,* forer) est, comme l'indique son nom, un système de forage à étranglement. Le canon est foré à l'intérieur cylindriquement depuis la chambre jusqu'à 5 centimètres de la bouche ; en cet endroit il se rétrécit sur une longueur de 3 centimètres, qui redevient cylindrique jusqu'à la bouche. Le *choke-rifled* est semblable au *choke-bored,* sauf que la partie cylindriqu est rayée longitudinalement. On tire à balle avec le *choke-rifled* mais pas avec le *choke-bored.*

rien. Tu t'imagines qu'il est plus aisé d'être chasseur que latiniste : détrompe-toi. Rappelle-toi l'adage : On devient orateur, on naît poète. Il n'en va pas autrement de la chasse. Devenir tireur, soit ; et encore combien s'y essaient qui échouent ! Mais être chasseur, si tu n'as pas le don, l'instinct, inutile d'y songer. M. Chalopin en a autant envie que toi, mon bon petit Charles, sais-je s'il en a plus ou moins la vocation. Quant à ce qui te regarde, je me défie : tes premières preuves ont certes été assez piètres pour m'y autoriser. Cependant je n'en fais mention que parce que tu m'as démontré à l'instant même par ton interruption qu'il te manque encore les vertus nécessaires au chasseur ; tu t'emballes, tu cèdes à ton impression, tu ne te possèdes pas. Autant de causes d'insuccès si je te disais : « Partons demain ! » Ton désir de tuer le gibier te paralyserait le bras, ton effervescence t'empêcherait de voir ; et les lièvres, les perdrix, qui se le disent, s'en iraient raconter dans les bois et la plaine ton incapacité. Je ne désespère pas de t'assagir, mais ne cours pas avant de savoir marcher. On s'y casse le nez.

« Commence par te rendre maître de toi-même, par ne pas perdre la tête, par t'instruire des mœurs des animaux que tu veux chasser, par observer tranquillement, avec sang-froid, une couvée de perdreaux ou les ébats d'un levraut ou les déplacements d'un lièvre. Tu apprendras ainsi à ne pas t'émouvoir lorsqu'ils apparaissent brusquement devant toi, à bien ajuster la pièce sans ébranlement intérieur, à suivre avec la main gauche, qui élève ou abaisse le canon du fusil, les mouvements du gibier, tandis qu'avec la droite, tu lâcheras le coup au moment voulu. Mais ne va pas te figurer qu'on y parvienne sans exercice. Mettre en joue, fixer un point, tirer, en pivotant sur soi-même lorsqu'il le faut, tout cela requiert de l'expérience, de la souplesse. Qui n'a point pratiqué la chasse, l'ignore. Tu me disais : « Pour nager, il est nécessaire d'entrer dans l'eau. » Assurément. Pour tirer, il est tout aussi indispensable d'entrer en plaine.

Je ne t'interdis pas d'avoir de la fougue, de la fièvre, de la passion, du diable au corps, et je te plaindrais si tu n'en avais point, car la mollesse et l'apathie ne font rien qui vaille ; mais encore y a-t-il des principes dont tu ne peux t'affranchir, et ceux-là, je te les enseignerai à mesure.

Oh ! comme je m'y adonnais, stimulé par l'espérance de ne pas être en retard pour cette ouverture dont la date se rapprochait ! Il eût fallu me voir dans la cour, faisant, de bon matin, avant l'heure de ma leçon avec M. Chalopin, des marches et des contre-marches, exécutant des conversions à droite, à gauche, avec le simulacre de suivre les évolutions du gibier, d'épauler, de tirer. Grand-père était là, près de moi, corrigeant mes mouvements, m'encourageant, me gourmandant, me prenant des mains, pour me donner l'exemple et rectifier mon attitude, le fusil qu'il m'avait acheté tout exprès et qui était un vrai bijou d'une légèreté telle que je ne m'apercevais pas de son poids.

— Épaule bien, ne te presse pas, apprécie tes distances.

Avec quelle patience il me renouvelait ces recommandations, m'expliquant comment je devais me poster, tenir la tête, soutenir l'arme de la main gauche en serrant le coude contre la poitrine, accoler ma joue à la crosse, viser en prenant mon temps, et tirer en me réglant sur les circonstances, brumes ou temps clair, soleil levant ou couchant, terrain uni ou accidenté, plaine ou éminence, sans oublier les trois points de repère que fournit l'animal lui-même par sa grosseur, sa couleur, son bruit.

Peu à peu, les difficultés disparaissaient. Mon contentement avait pour écho celui de grand-père.

— Tu fais honneur au fusil neuf, Charlot, me dit-il un matin. Aujourd'hui, nous l'étrennerons dans le parc, et nous ferons la répétition des quatre coups. Tu te les rappelles : coup droit, quand le lièvre file devant ; coup oblique, quand il passe à droite ou à gauche ; coup plongeant, quand, à l'affut sur une hauteur, tu le vois descendre au-dessous de toi ; coup perpendiculaire, quand la perdrix passe au-dessus de ta tête, le « coup du roi », celui-là, et qui ne réussit qu'aux maîtres.

Je ne tuai rien ; mais il n'en fut pas surpris. Je croyais qu'il allait me déclarer incapable et renoncer à jamais à mon éducation. Je me trompais.

— Nous reprendrons cela ; tu gagnes en assurance ; je n'espérais pas davantage pour aujourd'hui.

Aurais-je jamais le talent ? Et l'élève avec un maître si dévoué, si hors ligne, ne serait-il, quoi qu'on fît pour lui, qu'un cancre ? Je n'osais pas avouer mes prévisions à cet égard et pour ne pas déplaire à grand-père, je redoublais de courage et de zèle. J'en fus récompensé. Quand arriva l'ouverture, j'avais fait assez de progrès pour pouvoir marcher à côté de mes deux professeurs, car M. Chalopin nous accompagnait, grand-père et moi. Cette grande attente enfin réalisée avait — vous vous en doutez bien, — apporté quelque trouble dans mon cerveau et j'étais comme ceux qui se grisent à ne boire que de l'eau.

Il était convenu que nous partirions à la petite pointe du jour. Cette nuit-là, je ne dormis que d'un œil. La dernière étoile brillait encore là-haut, quand grand-père frappa à ma porte. Sauter du lit, enfiler le pantalon, endosser le veston neuf que je devais à la gâterie de tante Cécile, achever ma toilette en un clin d'œil, descendre, tout chaussé, équipé, brossé, carnassière en sautoir, fusil sous le bras, fut l'affaire d'un quart d'heure. M. Chalopin nous attendait. Et nous voilà en route : grand-père devant pour nous guider, mon précepteur à deux pas derrière lui, moi fermant la marche, Mirza et Sultan, à nos côtés. Il faisait un froid à vous donner l'onglée, mais je n'y prenais pas garde et le feu de l'enthousiasme me réchauffait. Grand-père fredonnait sa chanson favorite :

> Chasseur diligent
> Quelle ardeur te dévore!
> Tu pars dès l'aurore,
> Toujours content !

Il s'interrompait brusquement pour examiner du coin de l'œil Mirza dont la cervelle semblait très occupée et Sultan qui, le nez en l'air, prenait le vent. Les deux épagneuls, sentant son regard sur eux, avaient l'air de lui dire : « Sois tranquille, nous sommes à notre affaire. » Alors, oubliant son premier fredon, il en sifflait un autre :

> Allons, chasseur, ta carnassière,
> Ton fusil, ton limier !
> Bats la campagne et la clairière,
> Frappe au cœur le gibier !

La matinée fut rude, les perdreaux que nous faisions lever, nous menèrent de champs en vignes, de vignes en bois, montées et descentes suivies de nouvelles ascensions. Mon jarret, peu accoutumé, sentait faiblir sa vigueur, mais j'aurais eu honte de l'avouer. Je n'avais au départ, tant j'étais pressé, cassé qu'une croûte, et ce déjeuner sommairement expédié ne donnait qu'une maigre satisfaction à mon estomac qui déjà s'entendait avec mes jambes. Qu'importe ! Je m'aguerrissais de mon mieux et quand grand-père, tournant la tête, me demandait : « Es-tu fatigué, mon petit Charles ? », je répondais vaillamment, quoique d'une voix un peu douteuse : « Moi, pas du tout ! ». Je n'étais préoccupé que d'une idée : remplir mon carnier.

Vous vous figurez si je fis des maladresses. Pas trop cependant, car, lorsque nous nous arrêtâmes vers midi, dans l'auberge au bord du chemin, pour reprendre des forces dont nous avions tous besoin, les chiens aussi bien que nous, j'avais déjà en ma possession deux perdreaux rouges abattus par moi. Ah ! la bonne halte, bien méritée ! Et comme nous fîmes honneur au repas : œufs durs et pain noir, aile ou cuisse de poulet, arrosés d'un petit vin blanc qui fouettait le sang. Nous n'y employâmes pas une heure et, repartant de plus belle, nous fouillâmes d'abord à la billebaude, jusqu'à ce que Mirza et Sultan, le nez entre les jambes, se collèrent à la voie. Nous avions encore au moins quatre heures devant nous avant le déclin du soleil. C'était plus qu'il n'en fallait pour faire parler nos fusils. Grand-père, lui, ne manqua aucune pièce : « il était, disait-il en riant, dans son jour de veine »; les deux que j'ajoutais pour mon compte

Je prouvai que je savais faire usage d'un bon avis.

aux perdreaux rouges pouvaient encourir quelque reproche de raccroc, mais je bénéficiai de l'indulgence accordée à mon noviciat par un « pas trop mal », qui sonna doucement, agréablement à mon oreille et me remit en appétit d'ambition. M. Chalopin tira une perdrix isolée qui venait de loin sur lui. Je fus un peu étonné de son succès, parce que mon œil suivant le coup parti en avant, je me figurais que l'oiseau ne pouvait être atteint de cette manière. Grand-père corrigea mon erreur, en saisissant l'occasion de m'expliquer à quel moment exact il faut, quand on a l'arme à l'épaule, serrer la détente, afin de jeter le coup juste à l'instant voulu pour le faire arriver au point de rencontre avec le gibier qui vient ou qui fuit. A la première compagnie qui se présenta, je prouvai que je savais faire usage d'un bon avis. Toutes les perdrix partirent en même temps du milieu des bruyères roses dont nous approchions, puis elles s'éparpillèrent, sans doute parce que le bouquet de bouleaux qui était là leur offrait un obstacle. Grand-père en tua deux ; M. Chalopin et moi, chacun une. Un mot flatteur de mon professeur récompensa mon adresse.

Quand nous rentrâmes, à la nuit, tous les trois chargés, nous fûmes accueillis par des vivats. Tante Cécile, mon père, ma mère, voulurent embrasser tour à tour le jeune nemrod ; on nous fit fête : le dîner était servi. Faut-il dire que nous ne boudâmes pas sur les plats ? Grand-père proclama mon éloge, en assurant que j'avais désormais qualité pour obtenir un permis.

— Et c'est moi qui le paierai, chaque année, s'écria tante Cécile dont j'étais l'enfant gâté, j'ajouterai aujourd'hui même une clause à mon testament pour lui faire une petite rente à cet effet.

Elle m'a tenu parole, la bonne âme.

Nous nous couchâmes tard. Jugez donc. Nous avions tant de choses à dire. Grand-père nous fit la surprise de ses plus jolies histoires de chasse inédites, et comme il n'y avait pas de conteur plus charmant que lui, il nous tint littéralement suspendu à ses lèvres. La nuit qui suivit cette mémorable journée fut pour moi peuplée de rêves. Chiens, lièvres, perdrix, faisans, cailles, bécasses, sarcelles, pluviers, canards sauvages, bécassines, que ne vis-je point dans cette succession de songes où je côtoyais ruisseaux, rivières, étangs, où je faisais à travers champs et plaines, bois et bosquets, des courses sans fin d'un pied infatigué, et où j'entendais chanter, pour égayer ma route, tous les virtuoses ailés, rossignols, fauvettes, bouvreuils, pinsons!

Au réveil — la lumière entrait déjà à pleins faisceaux dans ma chambre et j'ouvris les yeux au moment où neuf heures sonnaient à ma petite pendule de rocaille rose — un autre cadeau de tante Cécile — j'eus une exclamation de joie : grand-père était assis à mon chevet, heureux, souriant :

— Charlot, me dit-il, je t'apporte quelque chose qui te fera plaisir : le manuscrit que, depuis un mois, j'ai écrit en cachette pour toi; j'y ai mis tout ce que je sais sur la chasse. En le lisant tu te récréeras et t'instruiras.

C'était un assez gros paquet de feuilles remplies d'écriture. Je les ai conservées précieusement et les transcris, en y ajoutant çà et là un paragraphe.

CHAPITRE III

CHIENS FRANÇAIS

Un roi d'Orient demanda un jour au ministre en qui il avait le plus de confiance et dont la sagesse le guidait dans toutes ses actions depuis son enfance :

Promenade matinale.

— Que dois-je faire pour être heureux ?

Le vieillard réfléchit un instant avant de répondre, puis, d'une voix assurée :

— Sire, dit-il, le bonheur simple et vrai, celui qui n'est pas un fantôme et qui ne nous échappe point, vous le trouverez dans l'amitié.

— Mais quel est le plus sûr des amis ? Ceux que nous croyons les plus fidèles ne mesurent le plus souvent leur dévouement qu'à leur intérêt, et l'histoire du monde, depuis ses origines les plus reculées jusqu'à nos jours, n'est-elle pas remplie d'exemples d'ingratitude et de trahison?

Le ministre inclina la tête en signe d'assentiment.

— Je ne vous conseille pas, sire, reprit-il, de prendre pour ami un homme. Nous subissons tous plus ou moins l'empire de l'égoïsme et le calcul dicte toutes nos actions. La sincérité la plus grande n'en est pas exempte; mais je connais quelqu'un dont la fidélité est à l'abri de toutes les influences, et qui, dans toutes les circonstances, vous en donnera la preuve. Si Votre Majesté le permet, je l'amènerai ici demain.

Le roi fit un geste d'approbation et, le lendemain, le ministre lui présenta... un chien.

Il n'y a, en effet, pas d'ami plus véritable et plus sûr. Non seulement son attachement ne se dément jamais, mais il est toujours prêt à suivre son maître, à le défendre; il est utile et sa bonté n'est égalée que par sa soumission. Il est sagace, intelligent, caressant, vigilant, devinant nos pensées, s'associant à notre volonté, nous chérissant; donnant même, à l'heure du danger, sa vie pour nous. La nature n'a point mis auprès de nous de plus noble serviteur, et il n'en est pas qu'elle ait doué de plus de constance pour nous venir en aide, non comme un esclave passif, mais comme un compagnon qui partage nos joies et nos peines, et, tout en acceptant notre domination, sait agir avec initiative, nous secondant, nous suppléant et allant jusqu'à nous conseiller.

Le chasseur est plus que personne en état d'apprécier ces

qualités qui ne sont pas simplement instinctives, et qui se traduisent en de très nombreuses occasions par des actes évidemment réfléchis. Car le chien saisit le sens de la parole; il y répond par un langage que l'on comprend aisément, pour peu qu'on s'y habitue, et dont chaque expression, aboiement, jappement, plainte, grondement, grognement, hurlement, est comme une phrase ayant une signification bien déterminée.

Il est sensible à une caresse familière et de même à un reproche. Il écoute la persuasion et il fait parfaitement la distinction entre le bien et le mal, en se rendant compte de la sanction de l'un et de l'autre, récompense ou châtiment. Il a la notion de la justice, acceptant la correction méritée, honteux quand elle lui est infligée, même lorsqu'elle ne consiste qu'en un renvoi au chenil ou à la niche, mais ressentant avec non moins de discernement un affront dont il a parfaitement conscience, un mauvais traitement contre lequel il proteste, une punition qu'il sait sans motif.

De très bonne heure, dans la civilisation, l'homme a vu se ranger à côté de lui ce précieux auxiliaire, qui s'est peut-être apprivoisé et domestiqué spontanément, puisque, dès les plus anciennes époques bibliques, aux temps de la genèse de l'humanité, il gardait le troupeau d'Abel et veilla auprès de son cadavre, quand le crime de Caïn eût été commis.

Ce ne fut toutefois que par l'éducation qu'il devint propre à la chasse, apprit à quêter, à rapporter, à tomber en arrêt, à se plier au commandement, à exécuter ce que le chasseur attendait de lui, à faire entrer dans son cerveau la relation entre le coup de sifflet, le geste de la main et l'intention à réaliser.

Cette éducation avec l'influence des climats et les croisements successifs modifièrent son caractère sans en changer le fond de bonté, d'intelligence, de serviabilité et de dévouement. Les races canines se formèrent ainsi et elles accentuèrent progressivement leur diversité par des marques particulières de formes, de structure, de poil, et aussi de naturel, d'instinct.

Deux grandes distinctions purent être établies, suivant que le chien de chasse collaborait avec le chasseur à tir ou le chasseur à courre : d'une part les chiens d'arrêt, de l'autre les chiens courants ; les premiers, employés à la poursuite du gibier à poil, des oiseaux de plaine, de bois, de marais, de rivage, des rapaces ; les seconds, plus spécialement admis aux dangers, aux émotions et aux victoires de la vénerie.

Les chiens d'arrêt forment deux catégories : ceux à poil ras, braques et pointers, ceux à poil long ou épagneuls. Tous les braques sont des chiens français, sauf une seule espèce, le braque allemand ; le pointer est anglais ou espagnol. Les épagneuls se divisent en chiens français et anglais, ces derniers appelés setters, mais se distinguant des petits épagneuls anglais : cockers, springers, etc.

Il y a sept types de braques français, qui doivent leur nom à un vieux verbe *braquer*, encore usité dans le tir et signifiant, non, comme le disent la plupart des dictionnaires, pointer ou diriger une arme vers un point, mais la mouvoir de droite à gauche, de gauche à droite. Le braque offre en effet cette particularité qu'il cherche le gibier en tournant dans diverses directions tout en guettant partout.

Le type primitif de cette race est probablement celui auquel on a donné le nom de *vieux braque français* et qui se reconnaît à la lourdeur d'allures, à la grosseur du poil, à la vigueur des membres, tête carrée, museau long, œil brun, oreilles longues et plantées bas, cou court, poitrine large, pattes fortes. Il est blanc-marron, moucheté régulièrement, sans grandes taches. C'est le chien des chasseurs d'autrefois, le chien classique d'avant les croisements, celui qui suivait nos grands-pères en plaine, et qui leur rendait de précieux services, parce qu'il est intelligent, attentif, doux, docile, résistant, et solide de rein autant que de jarret. Amélioré, il est devenu le *braque français*, qui lui ressemble sous beaucoup de rapports, mais a le poil plus fin, les oreilles placées plus bas et moins grosses, le fouet de la queue droit, plus mince à l'extrémité qu'à la naissance. Aussi vigoureux que le vieux braque, il a l'aspect moins lourd, plus élégant. Tous deux sont d'excellentes bêtes, d'un caractère très maniable, d'une parfaite endurance, sages, faciles à dresser, écoutant la voix du maître, ayant bon nez, et se laissant conduire.

On ne saurait les confondre avec le *braque du Bourbonnais*, qui se reconnaît tout de suite à l'écourtement de la queue — il n'en a qu'un tout petit bout — et à la moucheture de la robe dont les taches marron clair toutes petites sont truitées sur fond blanc ; le *braque sans queue* (c'est aussi son nom) est trapu, lourd ; il a le poil moins fin que le braque français et moins gros que le vieux braque, les oreilles un peu en arrière. Bon chasseur, fortement musclé, l'œil vif, le nez délicat, il est utile dans bien des circonstances. On ne peut dire de lui que c'est une jolie bête, mais on est obligé de convenir que c'est un beau chien, bien proportionné, et il arrive même, dans les expositions canines, qu'on lui décerne le prix de taille, de force et de construction.

Le *braque Dupuy*, qui doit son nom au chasseur français dont il rendit le chenil célèbre un peu avant 1820, est incontestablement un de nos plus beaux types. Il frappe l'attention au premier coup d'œil par la finesse de la tête et du poil, la longueur des oreilles et du museau, la légèreté de l'aspect. Le fouet est gracieusement recourbé; les pattes sont longues, sèches; l'œil remarquablement intelligent. Le nez brun révèle la puissance de l'odorat, percevant de loin le gibier et par conséquent parfait pour l'arrêt.

Le *braque bleu d'Auvergne* est ainsi appelé à cause de sa robe truitée blanc et noir avec de grandes taches noires qui, à quelque distance, lui donnent un reflet bleuâtre. Élégant, léger, avec un air de finesse, qui cependant ne fait pas perdre de vue sa force, il est moins connu que les autres types, ne figure guère dans les expositions, et, sans être déprécié par les propriétaires, se voit préférer d'autres chiens ne le valant quelquefois pas.

Les *braques de Toulouse et de l'Ariège* montrent des qualités sur le terrain, surtout dans la chasse au lièvre; ils ont de l'activité, de l'endurance, celle-ci poussée au plus haut degré, à tel point qu'ils peuvent rester sans souffrir sous un soleil torride; mais leur livrée blanche, quoique argentée, fine, brillante, marbrée de taches orange, les rend peu séduisants. Tout leur extérieur dénote un naturel très doux; il y a même dans leur physionomie une bonté naïve qui ferait croire à une absence de flair et de sagacité; mais cet aspect est trompeur, car ils ont de la rapidité dans les mouvements et l'on a plutôt besoin de modérer leur ardeur aussitôt qu'ils ont empaumé une piste.

De tous les braques, les plus jolis, les plus gracieux et par

Un arrêt sérieux.

cela même les plus en faveur sont les *Saint-Germain,* au poil fin, au nez rose, à la livrée blanc-orange, aux oreilles plantées haut, au museau fuyant. L'opinion générale est que ces *braques de Saint-Germain* ne sont en somme que des pointers introduits en France, il y a peut-être un siècle et demi et plus ou moins dégénérés du type originel dont ils se rapprochent visiblement lorsqu'ils sont tout à fait beaux.

Le *pointer* anglais est du reste le chien d'arrêt sans rival comme formes, comme allures, comme qualités, comme puissance d'odorat, comme instinct de la chasse. Il sait d'ailleurs

ce qu'il vaut et il affirme sa supériorité par son indépendance. C'est un personnage de marque, un grand seigneur, qui
ne fraie pas avec le premier chasseur venu, et, très aristocrate
lui-même, n'entre en campagne qu'avec l'aristocratie cynégétique. Il n'y a certainement pas de bête plus admirable
par le port de tête, le flamboiement du regard, l'élégance de
l'attitude lorsqu'il tombe en arrêt. Mais ce gentleman, qui est
d'une perfection absolue quand il sort des mains du dresseur
anglais, ne s'assouplit pas commodément. Aussi donne-t-il
beaucoup de mal au chasseur qui n'est pas parvenu à lui inspirer complètement sa volonté. Il ne refuse pas d'obéir à son
maître, mais il entend que ce maître soit, comme lui, un
gentleman, et, comme lui aussi, d'une toute première capacité. Avec un chasseur ordinaire, il aura vite repris sa volonté
et son regard dira clairement : « Nous chassons pour chasser,
n'est-ce pas? Eh bien! qu'attendez-vous? Je pars ». Et une
fois lancé, impossible de réprimer sa fougue. Mais lorsqu'il
peut mettre ses qualités au service d'un chasseur d'élite, il est
incomparable, quitte à reprendre sa liberté et à faire un coup
de tête à la première occasion. Tel qu'il est, aux mains d'un
maître expérimenté, on ne saurait lui opposer aucun autre
type. Il y a des pointers de haute taille et de taille moyenne,
il y en a de fauves, de blancs, de truités; ceux qui ont la robe
d'une seule couleur ont souvent les oreilles et la tête marron
tacheté, la régularité des taches ajoutant à leur beauté et à
leur prix.

Le *pointer espagnol* a les qualités du pointer anglais sans
avoir ses défauts. Autant l'un est indocile, autant l'autre se

montre obéissant. Peu de différence sous le rapport de l'odorat et de la sagacité, mais l'anglais l'emporte en fougue autant qu'en endurance. L'espagnol ne court pas, c'est un hidalgo qui marche d'un pas grave, régulier, mais sait exactement où il va, quête avec une sûreté extraordinaire, se donne du mal, veut que le chasseur s'en donne avec lui et laisse entendre qu'il s'agit de travailler. Sans doute, il n'a pas, comme l'anglais, un cachet de suprême élégance, ses membres ne sont pas fins, il les a même visiblement gros, lourds, forts, une tête massive, un museau carré, de la corpulence, mais c'est un bel et bon animal sur lequel on peut compter et que l'on apprécie quand on l'a avec soi. Un autre, également épais, et sans distinction, le *braque allemand,* blanc-bleu, avec taches noires aux oreilles et sur le corps, se fait remarquer par la sagesse, par la résistance à la fatigue, par le flair et les aptitudes aussi bien en fourré ou en marais qu'en plaine.

Les chiens à poil long ont en général moins d'odorat que ceux à poil ras et, à cause de leur toison, supportent moins la chaleur, mais ils compensent leur infériorité sous ce rapport par d'autres qualités : ils sont courageux, sociables, d'un dévouement à toute épreuve, ils sont propres à toutes les chasses, on peut les mener avec autant de succès à l'eau qu'au bois, aux broussailles qu'aux champs. En outre, ils restent avec le chasseur, ne s'éloignent guère, prennent bien la route, ne s'inquiètent pas des ronces et obéissent avec soumission, ayant bon caractère, sans en faire à leur tête. *L'épagneul français,* celui que l'on appelle communément *épagneul de pays*, a tous ces mérites, et, comme il est, dans sa race, le type d'où sont issues toutes les autres espèces à poil soyeux, françaises et anglaises, il en réunit d'une manière plus saisissable les marques originelles.

C'est ce chien blanc-marron ou gris-marron, à la physionomie douce, à l'œil parlant, à la grosse bonne tête, aux oreilles tombantes, au gros nez brun, à la queue en panache, aux pattes fines, qui était autrefois le familier du logis, véritable ami de la maison, humble, jouant avec les enfants, se pliant à tous leurs caprices, se laissant monter sur le dos, folâtrant, s'ébattant dans le jardin, mais brave en face du danger, aimant son maître par une sorte de reconnaissance qu'on pourrait presque dire filiale, tant il y a de tendresse dans cet animal d'une si remarquable sagacité.

Il figure dans les souvenirs des vieilles familles, où tout le monde avait part à son affection, et où il était lui-même caressé par tous. Quand il ne partait pas en chasse, on l'admettait dans l'intérieur de l'habitation, et, plus d'une fois, il s'en montrait le gardien intelligent.

Que de beaux faits n'a-t-on pas racontés de son attachement! Je n'en citerai ici qu'un, dont j'ai été moi-même témoin dans mon enfance. Mon père avait un « épagneul de pays », Médor, qui fut mon compagnon de promenade et de jeu jusqu'à ma huitième année. On me confiait à lui et l'on pouvait se reposer sur sa vigilance avec une sécurité absolue. Nous habitions alors la campagne et notre maison était éloignée de toute autre demeure dans un vallon encaissé entre de hautes montagnes dont les flancs boisés offraient un aspect lugubre, le soir, lorsque les ombres des futaies s'allongeaient. Ma mère se trouvait souvent seule avec moi, quand mon père était obligé de s'absenter, et elle n'avait dans ce cas, d'autre protection que les deux servantes, un vieux domestique et le chien. Un jour, à l'occasion d'une fête du village, elle avait permis à tout le monde de sortir jusqu'à la tombée de la nuit, ne gardant avec elle que Médor. Elle m'avait pris sur ses genoux et me racontait des histoires. L'épagneul, couché à ses pieds, semblait dormir; mais de temps à autre, ses oreilles s'agitaient, il levait la tête, comme s'il eût pris intérêt au récit, et son œil m'interrogeait. Je le taquinais du bout des doigts, puis, attentif au conte qui me captivait, je reportais mon regard sur ma mère.

Les heures s'écoulaient et peu à peu le jour baissait, nous enveloppant progressivement d'obscurité. Bien que j'eusse sept ans et qu'à ce moment il semblât que rien ne dût m'inspirer de la crainte, je fixais par intervalles avec une certaine inquiétude les yeux sur la fenêtre du rez-de-chaussée où nous nous trouvions et, interrompant la narration, je demandais si un voleur ne pouvait pas brusquement entrer par là. Ma frayeur enfantine était à cette époque alimentée par ce que j'avais entendu dire de malfaiteurs arrêtés récemment dans les bois voisins. Ma mère se moquait de ma poltronnerie et, pour m'en corriger, me grondait; mais quelques minutes après, je recommençais mes questions avec une anxiété croissante.

Peut-être était-ce un pressentiment. Pendant ce temps, les ténèbres s'épaississaient autour de nous. Tout à coup, nous entendîmes un bruit de pas qui s'approchaient de la fenêtre. Celui qui arrivait de ce côté, au lieu de se diriger vers la porte, devait être un étranger, car Médor s'était levé en arrêt avec un grognement sourd, puis élancé d'un bond. La fenêtre avait de gros barreaux de fer, et il était impossible, sans les briser, de pénétrer par là jusqu'à nous. Le chien avait dû faire évidemment ce raisonnement, puisque, ne s'occupant pas de défendre l'accès de ce côté, il s'était posté devant la porte si vivement qu'il put barrer le passage à un individu brandissant un couteau. L'épagneul ne lui laissa pas le temps de faire usage de son arme, mais le mordit si violemment à la main que l'homme poussa un affreux cri de douleur et s'affaissa. Son complice, qui était venu épier à la fenêtre, accourut pour lui venir en aide; le chien sauta à la gorge de ce second voleur ou assassin et l'étrangla. Il aurait dévoré ces deux bandits si, au même moment, les domestiques, revenus du village, n'étaient survenus. On garrotta les deux malfaiteurs et on les livra à la gendarmerie. Ils avouèrent plus tard devant les juges qu'ils savaient la maison sans défense et qu'ils avaient l'intention de nous tuer. Il est certain que sans Médor nous aurions péri, ma mère et moi.

L'épagneul de Pont-Audemer n'est pas moins vaillant que l'épagneul de pays, et l'on a tort de laisser ces deux auxiliaires, si utiles au chasseur, dans une sorte d'oubli et de discrédit. Leur passé exempt de reproche leur donne des droits à plus d'estime, et leur intelligence admirable devrait leur faire rendre la faveur qu'ils n'ont perdue que parce qu'on leur préfère des anglais. Le *Pont-Audemer* est musculeux, trapu,

Avant l'ouverture.

fort, plein de vigueur. On le distingue de l'épagneul de pays à la finesse de la tête, qui a au sommet une touffe de poil en huppe, et à la frisure des soies, ainsi qu'au front très garni mais sans panache.

Le *griffon* n'est pas beau, lui, comme l'épagneul, il est même incontestablement laid, avec son air de peigné à rebrousse-poil qui est bien l'expression de son caractère, quelle que soit son espèce et son origine, vendéen, bressan ou boulonnais; mais il a de l'intelligence, de la valeur, quand on sait le gouverner, de la bonté aussi quand on s'y prend avec lui comme il convient. J'en ai vu qui, domptés, dressés, mis en mesure de dépenser leurs qualités natives, étaient excellents.

Le *korthal*, ce griffon à poil dur qui tire son nom du hollandais, est très moustachu et ses sourcils sont particulièrement rudes; facilement reconnaissable à l'aspect de la tête allongée et poilue, au front horizontal garni de poils, à la livrée, gris d'acier plaqué de brun, ou gris-blanc tacheté de jaune, il diffère du griffon à poil long par l'ensemble de l'extérieur et de la physionomie; ce dernier, qui est généralement marron, ayant, quoique également hirsute, les soies plus longues.

Le *barbet*, non plus, ne saurait avoir de prétention à l'élégance, et il en semble persuadé. Chien d'aveugle, chien de poète crotté et encore plus crotté que son maître, il est tombé en disgrâce parmi les chasseurs, sans avoir mérité cette indignité; seulement il est si bon qu'il n'a jamais eu l'idée de se montrer rancunier et encore moins jaloux de ceux qui sont choyés. Il est satisfait de son sort et trop intelligent pour s'en plaindre. Il lui suffit de savoir ce qu'il vaut et ceux qui le connaissent n'ignorent point qu'il vaut beaucoup. D'abord, il n'y a point de chien plus capable. C'est lui qui joue aux dominos, aux cartes, qui va chercher le journal et le petit pain ou les quatre sous de tabac de son maître; c'est lui qui tient aux dents la sébile du mendiant et fait les grands exercices de cerceau dans le cirque; camarade du forain, il a fait en roulotte le tour du monde et comme il a vu tous les pays, il entend toutes les langues. Quelquefois il se perd en chemin, mais il retrouve bien vite sa route.

J'en ai eu un qui était merveilleux sous ce rapport. Quand j'allais au chef-lieu du département, à dix lieues de chez moi, je ne m'apercevais pas toujours, au moment de prendre mon billet de chemin de fer au départ, que Trouvé (je lui avais donné ce nom en le recueillant au coin d'une rue où il geignait à moitié assommé par des gamins) m'avait suivi sur les talons. Je le renvoyais, ne voulant point l'emmener ni payer pour lui. Il obéissait, mais, le lendemain avant le jour, à l'hôtel, j'entendais un grattement à ma porte. « Entrez! » C'était Trouvé, il avait fait ses dix lieues à pattes en longeant la voix ferrée, se faufilant malgré le bon œil des gardes, et il avait de même pénétré dans l'hôtel, en dépit des garçons, car il savait que j'étais descendu là, m'y ayant accompagné un jour, et il venait me saluer avant l'aube et me dire : « Pas besoin de s'esquiver tout seul, on est aussi malin que toi. »

Le barbet tient bien sous la pluie et le vent, sous le froid

le plus âpre, sous le soleil le plus brûlant; il entre dans les
terriers n'ayant pas peur de se laisser arracher de son poil; il
va sans hésitation au marais, ne tirant
point assez de vanité de sa robe lai-
neuse et frisée pour ne pas oser l'exposer au contact de la boue; il nage
comme un barbillon; enfin, grâce à son
parti pris de
se frayer un
chemin à tra-
vers tout, il
laisse au gi-
bier peu de
ressources
d'évasion.
Avec lui on
peut affir-
mer : « Pièce
touchée, piè-
ce dans le
sac ». Il va la
chercher là
où elle est

Tout beau !

tombée, et, morte ou blessée, il la rapporte.

— Mon pauvre Trouvé, lui disais-je souvent, tu aurais
droit à je ne sais combien de médailles de sauvetage pour
les noyés que tu as repêchés, à une retraite de vieillesse
pour les campagnes que tu as faites, et personne, sauf moi,

n'a conscience de ta supériorité sur beaucoup d'hommes qui te dédaignent.

Et, alors, l'œil fixe dans sa tête ronde, mais à demi caché sous son poil broussailleux, l'oreille longue et plate remuant vivement, la queue poilue mouvant à petites saccades son crochet, il posait sur mon genou sa grosse patte, avançait son museau noir, et avec deux ou trois petits coups de gorge avait l'air de me répondre :

— Ne t'occupe donc pas du qu'en dira-t-on? Nous nous comprenons, lorsque nous sommes, toi le fusil attentif, moi le nez en éveil, dans une belle vallée où, comme dit Gresset :

> Cherchant un secret asile
> Et trouvant des périls nouveaux,
> La perdrix en vain fugitive,
> Rappelle sa troupe craintive
> Que nous chassons sur les coteaux.

J'avais si souvent lu à haute voix devant lui ces vers de la *Chartreuse* qu'il avait pu parfaitement les retenir, et, s'il avait eu la parole, il les aurait récités de mémoire mieux que moi.

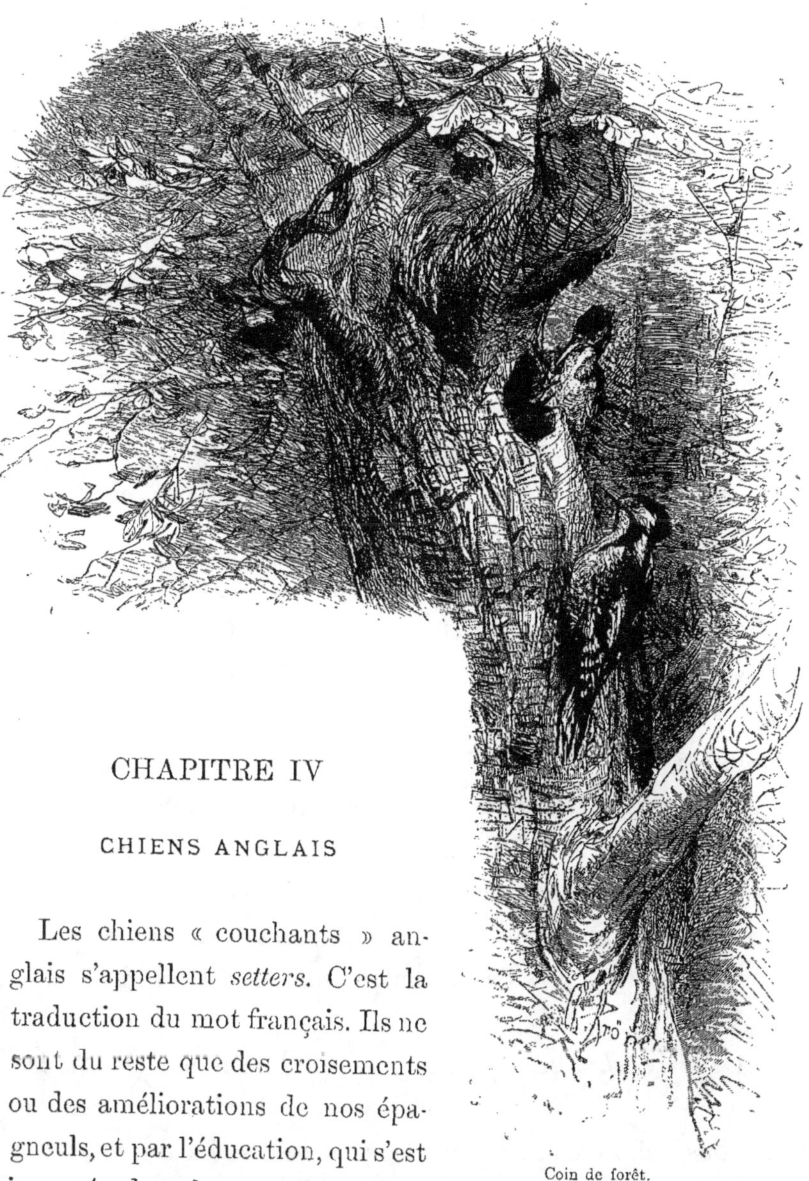

Coin de forêt.

CHAPITRE IV

CHIENS ANGLAIS

Les chiens « couchants » anglais s'appellent *setters*. C'est la traduction du mot français. Ils ne sont du reste que des croisements ou des améliorations de nos épagneuls, et par l'éducation, qui s'est incarnée dans la race, ils ont acquis une supériorité d'odorat égale à celle des pointers. Plus souples au dressage que ces derniers, plus propres qu'eux au marais, sans perdre aucune de leurs qualités en plaine, plus résissants en outre aux variations de température, ils leur sont préférés. On leur accorde aussi avec justice des avantages sur les épagneuls français et il est hors de doute qu'ils l'emportent par la finesse des membres, tête et pattes, par l'élégance de l'aspect. Ils ont, au reste, dans presque tous les cas, plus d'endurance. Ce sont de charmantes bêtes, dont le type se perfectionne de plus en plus, et dont les variétés, déjà nombreuses, se sont multipliées dans les divers pays où l'on chasse. Les plus remarquables restent le *gordon*, le *laverack* et le *red-irish* (irlandais rouge).

Le *gordon* est noir, avec taches de feu à la tête, aux sourcils, à la poitrine, aux pattes et sur le ventre. Il a le poil luisant, la tête bien proportionnée et facile à reconnaître à la proéminence du crâne, l'œil foncé, mais extrêmement doux, la queue courte, forte à la naissance, fine au bout, la fourrure des pattes de devant plus soyeuse que les deux autres. Très bon au marais, il unit l'intelligence à la prudence, et serait parfait pour la sauvagine, s'il pouvait fournir un travail de longue durée, mais il est assez vite épuisé, surtout quand le poids de la chaleur se joint à celui de la fatigue.

Le *laverack* a beaucoup plus de fond, le rein plus fort, la vigueur plus durable. Les blancs, dont la robe est semée de flocons noirs bleuâtres, sont les plus beaux. La finesse de la tête, du poil, des pattes, celles de devant embellies par le cordon de soie ondulée et douce autant que brillante, la beauté de la queue, la longueur des oreilles, tout concourt

Cockers sur une piste.

dans cet animal à le rendre élégant, sans amoindrir aucune de ses qualités de nez et de jarret. Le setter gordon produit l'effet d'un gentleman du high-life, qui devrait sa distinction à ses belles manières et à la coupe de ses vêtements sortis des mains du grand faiseur ; le *laverack* a plutôt la mine d'un lord de naissance qui révèle ses droits à la pairie par la noblesse de son air.

Le *red-irish* a également une belle attitude, mais, moins placide, il rivalise de fougue avec le pointer, et, de même que celui-ci, exige un maître à poigne, qui sache réprimer son ardeur et, tout en profitant de son impétuosité, la soumettre à une volonté ne se laissant pas dominer.

Les connaisseurs diffèrent d'opinions sur les qualités de structure et d'anatomie que doit présenter un setter parfait. Les uns veulent qu'il ait le crâne arrondi avec la saillie occipitale pas trop prononcée, simplement accusée ; les autres exigent un crâne ovale avec sa protubérance bien marquée. Les premiers réclament un museau en biseau, les autres ne l'admettent que carré. De là une divergence entre les amateurs anglais, appartenant à la dernière catégorie, et les sportsmen français qui forment la première ; mais jusqu'ici ce sont les anglais qui rallient le plus de suffrages.

La mode est aujourd'hui aux petits épagneuls anglais dont la principale espèce est le *cocker*. Plus bas de taille que le setter, plus enveloppé de fourrure, la tête plus forte, mais allongée en sa courbe gracieuse du sommet du crâne à la pointe du nez, le cou bien entouré d'un cordon soyeux, fin et foncé, les pattes courtes, grosses, mais fermement plantées sur le sol, il note par la vivacité de l'œil autant d'énergie que d'intelligence. Et cette expression n'est pas mensongère. Il n'y a pas de chien de chasse qui soit plus expert en son métier que celui-ci. Son obéissance est admirable, mais la réflexion s'y associe à la spontanéité, et celles-ci sont toutes deux si promptes qu'on se demande, lorsqu'il exécute une manœuvre, si c'est lui qui l'a conçue ou le chasseur qui l'a dictée, tant elle répond bien au désir et aux circonstances. Il n'arrête pas, à vrai dire, mais il déloge le gibier de ses abris, oblige le lièvre à sortir du fourré, la perdrix à prendre le vol, le lapin à quitter son terrier, et fait remplir le carnier.

Les *spaniels*, la plus petite espèce des *cockers*, n'ont pas, en règle générale, leur activité et leur endurance; on les recherche parce que ce sont de délicieuses petites bêtes, presque des bichons de salon (il y en a qu'on appelle *chamber-spaniels*) mais ils offrent plus d'un inconvénient. Leur robe marron est sombre et cette couleur qui se confond avec celle des fourrés où ils doivent s'engager les expose à se faire prendre par le chasseur pour le gibier poursuivi et à recevoir le plomb destiné aux lièvres. De plus ils sont lents et ne donnent presque jamais de la voix, ce qui fait que dans le bois où ils s'escriment, au fond d'un fossé garni de ronces, de bruyère, d'épines, où leur petitesse les fait complètement disparaître, ils ne sont reconnaissables à aucun signe. Le *clumber* à robe blanche et orange, que l'on aperçoit de temps à autre, grâce à sa livrée plus claire, est un meilleur rabatteur. Il faut faire toutefois exception pour le *water-spaniel*, le petit épagneul d'eau, couleur foie ou puce, qui est sans pareil pour la bécassine et le *springer*, qui peut être difficilement surpassé pour la bécasse.

Les Anglais ont donné le nom de *retrievers* à des chiens rapporteurs qui n'ont d'autre rôle que de ramasser le gibier. C'est un domestique. En réalité il ne participe pas directement à la chasse, puisqu'il n'intervient que lorsque la pièce est couchée par terre. C'est le *pointer* qui a fait le *retriever*. Le grand seigneur ne pouvait condescendre à se baisser. Faire lever la bête, la poursuivre à outrance, ne lui laisser d'autre issue à la lutte que la mort, il le fait comme personne n'en serait capable, et ce n'est jamais sa faute si le chasseur manque son coup, mais quand le coup a porté, il considère sa tâche comme achevée. Aller relever le lièvre ou le perdreau mort ou blessé, n'est point son affaire. Que l'on appelle un valet! Ce valet, c'est le *retriever*. En France on n'y a guère recours. Nos chiens d'arrêt français se sentiraient offensés si un autre rapportait leur gibier, et nos chasseurs trouvent gênant ce larbin qui n'a point d'autre besogne que de bouger quand on lui fait signe : « Allez là ». Il y va. « Ramassez ça ». Il le ramasse. Hors de cette servilité il n'est rien, et reste planté sur ses jambes, sans avoir besoin de nez, ni d'œil, ni de jarret. Qui dit chien, dit noblesse. Le *retriever* ne saurait y prétendre. Mais les Anglais lui tiennent compte de son automatisme. Ce domestique est excellemment stylé, machinal, impassible, n'osant se permettre ni une idée, ni un geste, ni un clignement d'yeux qui ne lui aient pas été commandés. Il doit être tel, on l'a dressé à cela, et savoir demeurer à sa place est déjà une vertu.

Entre chiens français et chiens anglais, se demandera-t-on, lorsqu'il s'agit de la chasse à tir, quel choix faut-il faire? Doit-on sacrifier aveuglément nos races à celles de l'étranger, ou, dans un excès contraire, répudier complètement ces dernières? Ni l'un ni l'autre. Dans la pratique, la résolution à prendre s'indiquera d'elle-même. Condamner tous les braques pour ne se faire accompagner que du pointer, ne chasser exclusivement qu'avec des setters et des cockers en délaissant systématiquement les épagneuls, ne peut entrer que dans l'esprit des grincheux qui font de tout une question de drapeau, et dont l'exclusivisme proscrit de leur table le jambon de Mayence, parce qu'il est allemand et le jambon d'York parce qu'il est anglais, tandis qu'ils se régalent du jambon de Bayonne parce qu'il est français. Ceux-là non seulement n'admettent pas les qualités du pointer ou du setter mais exaltent celles d'un *braque Dupuy*, d'un *Saint-Germain* ou d'un *épagneul de Pont-Audemer*. Ils ont tort, à mon avis, tout comme ceux qui n'ont de confiance que dans le *pointer* pour la plaine, dans le *laverack* pour le marais, dans le *cocker* pour le fourré. Quoi qu'il en soit, ce sont, à ne compter que les suffrages, les chiens anglais qui trouvent le plus d'amateurs, comme sur le turf la préférence est encore donnée à certaines écuries d'Angleterre, ce qui n'empêche pas les nôtres de les battre aux jours de grand prix.

Dans la chasse à courre on rencontre les mêmes sympathies exagérées et les mêmes antipathies injustifiables, d'un côté pour les chiens courants français, de l'autre pour les chiens courants anglais.

Les races françaises de chiens de vénerie comprennent les *vendéens*, les *poitevins*, les *saintongeois*, les *gascons*, les *briquets d'Artois*, les *normands*, les *bressans*, les *auvergnats*, les *chiens de Saint-Hubert* et ceux *de Saint-Louis*.

Dans les races anglaises figurent le *blood-hound* et le *fox-hound*, le *harrier* et le *beagle*.

Ces divers types, français et anglais, constituent les grandes races de chiens courants employées dans la grande vénerie. Les croisements entre deux races forment les types bâtards.

Pour la petite vénerie, on fait usage plus particulièrement des chiens bas sur pattes, des *bassets,* dont la race pure est française.

Les *vendéens* sont de deux espèces : le chien à poil ras et le griffon, tous deux blancs tachés de fauve ou de gris, tous deux solidement charpentés, forts, intrépides, intelligents, sagaces, vifs, trop vites peut-être, car, lorsqu'ils sont lancés sur une bête de meute, il faut souvent les ralentir. Ils sont excellents pour le sanglier.

Les *poitevins*, à livrée blanche avec manteau noir, valent mieux pour le loup, qu'ils poursuivent sans lui faire trêve un instant. Les *saintongeois*, blancs, tachés et mouchetés de noir avec feu à la tête, servent de préférence à courre le lièvre, le chevreuil et le cerf. Les *gascons,* qui sont bien de leur pays, se dépensent en mouvements sur place, en coups de voix, mais, s'ils ne vont pas vite, ils tiennent bon. Les *bressans* aussi ont de l'endurance. Les *chiens d'Auvergne*, que l'on a le tort de négliger, sont utiles dans les bois où l'on doit entendre la meute de loin ; ils ont en effet le coup de gorge retentissant, et de plus leurs qualités de flair les rendent précieux. Les meilleurs de nos chiens courants français ont toujours été et restent les *normands* dont la réputation est proverbiale. Robustes, massifs, d'une belle carrure, un peu plus petits que les harriers anglais, ils sont d'une extrême beauté, la tête intelligente, noble, le front large, de grandes oreilles pendantes et surtout une contenance révélant la force. On les dit généralement moins vites que le *bloodhound* et le *foxhound,* mais ils compensent ce désavantage par la voix admirable dont ils sont doués et qui leur permet de prendre les devants à de belles distances. Les chasseurs anglais, qui ne conviennent pas de ces mérites, mais ne peuvent les nier, en donnent pour raison que les meutes de normands sont plus nombreuses que celles des beagles par exemple, et que les échos, plus abondamment réveillés par conséquent, répercutent leurs aboiements avec plus de sonorité. C'est en effet un beau concert que celui d'une meute normande en forêt, mais chaque animal y tient sa partie et l'unisson n'en fait pas à lui seul la force.

Nos *briquets* soutiennent encore leur vieux renom. On ne les emploie plus à la haute vénerie, mais plutôt dans les battues, où l'on tire le lièvre et où l'on a besoin de faire lever du gibier, car, s'ils pèchent quelquefois par la vitesse, ils se rachètent par le flair et la voix. Avec de bons briquets d'Artois, bien dans la voie, on peut fumer son cigare, assis sur une charrue; laissez-les faire, ils prendront seuls; et quoi qu'on en dise, ils surpasseront les beagles anglais qu'on est obligé d'enlever à chaque instant. Que faut-il en définitive à un chien pour courre le lièvre avec succès? Qu'il ait de la taille, du fond, de la vitesse, et du nez, beaucoup de nez. Les races artésiennes ont tout cela à souhait et c'est pour cette raison qu'on n'en saurait avoir de meilleurs pour ce genre de sport. Retenez d'ailleurs ceci : les Anglais, chasseurs ou chiens, chassent mal le lièvre ; il est rare qu'ils l'usent.

Bassets de la race Le Coulteux.

Parmi toutes ces espèces canines de petite vénerie, les bassets ont conquis la faveur et la conservent. Ils sont fidèles, caressants, aimables, endurants, et sur leurs jambes courtes et fortes, emmanchant des pieds solides, qui portent leurs longs corps, ils font leurs cinq, six, sept lieues sans montrer la fatigue. Leur tête, encadrée de longues oreilles, est expressive, et il faudrait les calomnier pour les accuser de manquer de sagacité. C'est un chien aussi charmant qu'utile, et, maintenant que certaines de nos races de chiens d'ordre, comme les normands, les saintongeois, s'en vont, ces petits descendants de grand équipage rendent des services signalés.

Les bassets sont tantôt à poil ras, tantôt à poils longs. A la tête des premiers, on doit mettre les *Le Couteulx,* ainsi appelés du nom de leur éleveur principal. Ils mesurent de 28 à 30 centimètres de taille au jarret et leur livrée tricolore se distingue par une grande netteté. Les taches font relief sur le fond blanc de la robe. Le nez noir est bien sorti, le museau droit, large, se détachant du front en angle accentué, et ce front haut, étroit avec une protubérance sensiblement prononcée. L'œil en saillie a une belle nuance brun foncé; l'oreille, ni trop longue, ni trop courte, s'attache un peu haut; le cou long est chargé de fanons. Le rein se harpe et dénote la puissance; le fouet se dresse en cierge; les jarrets sont solides, les pieds résistants, serrés, les pattes droites. Grâce à leur gorge claire, on peut les laisser aller loin : on les entend toujours. En outre ils présentent ces qualités distinctives : la propension naturelle à chasser en meute et un « amour », c'est-à-dire un flair du lièvre qui leur fait reprendre les voies de vieux temps, défaire la nuit du bouquin et le mettre sur pied. On les accuse — qui n'accuse-t-on pas, surtout quand l'accusé est un chien ? — d'être un peu bavards, chauds de gueule, de ne pas vouloir du lapin, par crainte de l'ajonc et du piquant. Accusation la plupart du temps imméritée, surtout quand elle est exagérée, et notez qu'elle vient, neuf fois sur dix, des Anglais qui sont sujets à caution dans leurs jugements toujours empreints de partialité sur nos races auxquelles ils commencent par avoir recours pour créer les leurs.

A côté du basset Le Coulteux vient le *basset Lane*, né au château de Franqueville, dans la Seine-Inférieure. Les deux types ont, suivant toute vraisemblance, la même origine, mais ils sont aujourd'hui bien distincts. Le basset Lane a beaucoup de cachet. Son port tient de celui du beau normand. Le nez, ou comme nous disons la truffe, marque par son développement la finesse de l'odorat; le museau, long, se busque un peu. Le front haut, étroit, offre beaucoup d'expression. L'œil a de la clarté, de l'intelligence. L'oreille, longue, finement attachée, tirebouchonnée, est superbe. Le cou, léger, n'a pas de fanons. Le corps long, musculeux, plus volumineux que celui du basset Le Coulteux, est aussi plus près de terre. Le rein prouve la force. Les pattes torses se terminent par des pieds légèrement tournés. Le basset Lane est tricolore avec un feu moins vif que le Le Coulteux. A tout prendre il ne le vaut pas : plus lent, moins leste, il ne sert avantageusement que dans les taillis peu serrés, quand il peut mener le chevreuil devant lui, ou dans un pays facile où le lapin est commode à souffler au poil.

Le *basset bleu de Gascogne*, truité bleu et marqué par places de taches noires, est peu répandu. Il n'est ni requérant ni leste, mais il mène à belle musique au rapprocher lièvre et chevreuil. Il présente les beautés et les défectuosités du chien gascon dont il est issu. Il a la truffe noire et puissante, le museau très développé, le front haut et droit, l'oreille papillotée, très longue, finement attachée, l'encolure longue et légère, peu de fanon, les pattes demi-torses, le corps long, près de terre, le fouet fin, porté en cierge.

Le *basset ardennais*, se rapprochant de la race de Saint-Hubert, noir et feu, poil de lièvre, roux ou fauve, a presque complètement disparu. C'était un chien de belles qualités, droit dans la voie, assez vite et très requérant. Il faisait beaucoup d'ouvrage sans accuser de fatigue, préférant le lièvre et le chevreuil au lapin. Il avait beaucoup de type : museau bien formé, oreilles longues, fines, bien placées, crâne haut et étroit, encolure légère, pattes demi-torses, pieds serrés et résistants, corps long, bon rein, fouet bien attaché élégamment porté.

De ces quatre familles distinctes de bassets français à poil ras, deux, les Lane et les gascons, ont une menée lente ; les deux autres, Le Coulteux et ardennais, sont plus agiles dans leur travail. Ce sont là les races de premier croisement et dites pures. On les allie entre elles et aussi aux beagles et à ces bassets allemands, appelés dans la langue de leur pays *dachshund*. Ces derniers sont de petits gaillards, solides, trapus, pleins d'ardeur, mais mauvais coucheurs, à voix grêle, à menée irrégulière. On les emploie spécialement au déterrage. Comme l'indique leur nom (chien de blaireau) ils opèrent contre ce pillard et aussi contre le renard, et ils sont armés pour la lutte : leurs pieds serrés et forts ont des ongles durs comme du fer. Ce sont d'ailleurs les plus petits d'entre tous les bassets : leur taille est à peine de 25 centimètres. Leurs mâchoires puissantes, garnies de dents extraordinairement fortes, ne lâchent point la proie. Aussi vaillants que les fox-terriers, ils sont plus habiles, étant plus prudents, n'engagent pas brusquement le corps à corps et ne se font pas écharper, mais ils acculent la bête et quand ils lui ont rendu la retraite impossible, la saisissent et l'étranglent.

Le *basset griffon* doit son origine aux chiens griffons de

Dachshunds griffons.

grand équipage, vendéens, bretons, nivernais, bressans, gris de Saint-Louis. Les types de bassets griffons sont par suite très nombreux, et il serait difficile de les décrire tous, en tenant compte des variétés de taille et de robe, mais on admet généralement que les meilleurs réunissent les caractères suivants : poil assez long, rude et sec sur tout le corps; tête longue, museau bien sorti, nez légèrement busqué; front haut et rond, yeux bruns et foncés abrités sous des sourcils épais, oreilles longues, fines, tirebouchonnées, poilues; encolure légère, épaule sèche et oblique, corps long et près de terre, rein droit et fort, fouet court, en cierge; jarrets droits, pieds serrés, pattes résistantes, celles de devant demi-torses; la

Chien gascon.

robe tricolore ou blanc et orange, préférable au fauve et au gris.

Les races anglaises de chiens courants ne sont pas aussi nombreuses que les nôtres et se réduisent à quatre principales; le *blood-hound,* grand, massif, majestueux, tête grosse, oreilles longues, poil jaune, tacheté de brun; le *fox-hound* (chien à renard), au poil noir et blanc, ou noir feu et blanc, moucheté de jaune; le *harrier* (hare-hound, chien à lièvre), tricolore ou jaune et noir; le *beagle*, qui est tout petit, gros, rond, tricolore, et qui fait merveille dans la poursuite du lièvre et

du lapin. Le *blood-hound* est le limier et la clé de meute de
la grande vénerie; la finesse de son odorat lui donne un
droit tout particulier à ce poste avancé de confiance. Il
court la grosse bête et ne la lâche point, mais il n'est pas,
comme on le croit communément, d'une férocité sangui-
naire. C'est un excellent traqueur et ses qualités, sous ce rap-

Lice de Saintonge.

port, l'ont fait employer quelquefois, dans les plantations où
l'on occupait des esclaves, à ramener les fugitifs, ou, dans
certaines guerres, à chasser l'homme; en réalité, avec un
maître qui sait le conduire, il est docile, sans méchanceté,
et ne dévore personne.

Le *fox-hound* est admirable de fond, de vitesse et de résistance dans la menée du cerf, du sanglier et surtout du
renard. Le *harrier* et le *beagle,* plus spécialement affectés à
la petite vénerie, s'y conduisent bien avec leurs qualités

différentes. La premier ne laisse point au bouquin une seule occasion de randonnée et le met vite sur ses fins, mais il prive, dans ces conditions, la chasse d'un de ses plus vifs plaisirs et de ses incidents d'émotion. Aussi lui préfère-t-on en général le beagle, ce petit chien charmant, que sa petitesse (il n'est pas plus haut que le basset allemand) n'empêche pas d'être d'une vaillance à toute épreuve, toujours plein d'entrain, et d'efflanquer les lièvres et les lapins, sans leur défendre les ruses qu'il déjoue toujours. « Il n'y a pas au monde, disent les Anglais, de hunter (chasseur à courre) plus infatigable. » Les beagles irlandais (beagles de panier), *Irish basket beagles*, sont passés maître à ce jeu. Un célèbre sportsman irlandais raconte qu'il possédait quelques couples de jolis petits animaux de cette race. Un jour ils rencontrèrent par hasard un renard égaré en chemin et n'hésitèrent pas à le relancer. Le renard, dédaignant sans doute ses agresseurs minuscules, se contenta de les devancer au petit trot insouciant, jusqu'à ce qu'ils fussent arrivés au pied d'un mur d'assez belle hauteur mais qu'il pouvait franchir facilement. Déjà il prenait son élan pour faire le saut, se raillant vraisemblablement de cette « marmaille », quand trois couples des sagaces petits irlandais s'attachèrent à sa queue à longue traîne, se laissèrent enlever avec lui d'un même mouvement, retombèrent de l'autre côté du mur sains et saufs, reprirent leur chasse avec un courage indémenti et finirent par obliger le renard à chercher un refuge dans un terrier où ils le bloquèrent jusqu'à l'arrivée du chasseur qui le tira.

On croit généralement que le chien courant date des premiers siècles de notre ère. D'après beaucoup de savants, l'oreille pendante n'aurait fait son apparition dans l'espèce canine qu'il y a quinze cents ans environ ; avant cette époque, relativement moderne, tous les chiens avaient porté l'oreille droite. Cette opinion s'accorde très bien avec le système de ceux qui font dériver toutes les races de chiens d'un même type originaire, soit du chien du berger, comme Buffon, qui oubliait que l'homme a été nécessairement chasseur avant d'être pasteur, soit du chacal ou du loup, autre hypothèse aussi peu vraisemblable. Cette unité d'origine, longtemps attribuée aux races animales diverses, est très contestable. Toujours est-il qu'il existait avant notre ère des levriers aux oreilles plus ou moins repliées, et qu'il y eut déjà des chiens courants aux oreilles complètement tombantes, de vrais chiens courants, semblables aux nôtres, en Afrique trois mille ans avant Jésus-Christ : les monuments égyptiens en font foi.

Le chasseur dit, et c'est un mot qui a été souvent répété : « Mon chien et moi » ; le chien de son côté doit avoir une maxime correspondante : « Mon maître et moi » ; car l'un est, au demeurant, ce que l'autre le fait, et tous deux finissent, après avoir vécu quelque temps de compagnie, par se connaître si exactement qu'ils mettent ensemble leur expérience pour atteindre leur but commun. C'est, grâce à cela, que le dressage du chien est relativement facile. Il apporte dans le travail de son éducation une sorte de participation personnelle, une véritable mise de fonds représentée par son instinct et son naturel. L'instinct lui fournit l'odorat, sans lequel il serait inapte à la chasse ; le naturel le prédispose à la docilité.

Le chasseur a pour rôle d'utiliser ces apports, quand le moment est arrivé ; d'ordinaire il ne s'occupe d'élever que des chiens de race, nés dans son chenil ou chez lui, ou venant de quelqu'un en qui il peut avoir confiance, pour le renseignement sur l'origine de son élève, car le *pedigree*, c'est-à-dire la généalogie d'un chien de chasse, est d'une importance aussi grande que l'acte de naissance d'un cheval de course.

L'élève choisi, le *puppie* ou petit chien adopté, on le laisse grandir jusqu'à six mois, puis on commence à l'emmener aux champs pour l'accoutumer à ne pas s'éloigner, ou à revenir aussitôt au coup de sifflet ou bien au commandement. On lui fait sentir avec fermeté mais sans colère, sans mauvais traitement, sans coups de fouet surtout, qu'il a un maître et doit lui obéir. Lorsque cette soumission est acquise, on le dresse peu à peu à comprendre le vocabulaire de la chasse qui se réduit d'abord à une dizaine de mots, ceux-ci s'augmentant progressivement jusqu'à vingt ou vingt-cinq. Parmi ces mots il en est qui enseignent à entrer dans la voie : *cherche* ; à ramener de l'endroit où il est parti le gibier qu'il tient dans sa gueule : *apporte* ; à le lâcher sans résistance quand le chasseur le lui enlève : *donne* ; à ne s'en emparer que lorsqu'on le lui permet : *prends* ; à modérer son ardeur, quand il est trop vif, à se ranger à la discipline : *tout beau*. Ce dernier commandement intervient plus fréquemment que les autres : il sert à bien instruire le chien des différents modes d'arrêt qui, suivant les circonstances, doit être tenu longtemps ou peut s'abréger. Quand il est bien rompu à ces différentes manœuvres, répond en toute occasion à son nom, donne des preuves et des gages d'une passivité voulue, on le dresse aux diverses espèces de gibier, en commençant par la plume, de préférence par la caille ou par la perdrix, et en ne le menant au bois que lorsqu'il est déjà parfaitement exercé au tir ou au courre dans la plaine.

Le chien, à quelque race qu'il appartienne, est très sensible aux bons procédés employés dans son éducation, aux soins que l'on a de lui, de son chenil ou de sa niche, de sa nourriture, aux caresses qu'il reçoit après avoir fait son devoir, et il sait apprécier la faveur qu'on lui accorde quelquefois d'entrer dans la salle à manger, de se chauffer au foyer de la famille. On ne saurait trop le répéter, c'est un ami qu'il ne faut jamais traiter en esclave; s'il y a une correction à lui donner, il faut qu'elle soit juste mais exempte de brutalité. Le meilleur moyen de gâter un excellent chien est de le fouetter à tout propos, de l'accueillir ou de le renvoyer à coups de pieds, de lui tirer les oreilles. Il s'en souvient et pour ne pas s'exposer à la répétition de la souffrance qu'on lui a fait endurer, il s'y dérobe, il s'enfuit, se disant sans doute en lui-même :

— Je ne suis pas fait pour vivre avec un bourreau.

Si, au contraire, il a un maître qui n'a pas besoin de recourir à la force, à la cruauté pour exercer son empire, le chien se fait en quelque sorte un plaisir de mettre en œuvre toute sa sagacité naturelle, il arrive très vite à savoir ce que l'on attend de lui et à satisfaire ensuite aux exigences du dressage.

Plus fait douceur que violence.

Quand vous serez chasseur, retenez cette maxime, fixez-la bien dans votre mémoire, prenez pour règle de ne jamais vous en départir, avec votre chien, et vous tirerez plus de gibier que votre voisin, si celui-ci n'est qu'un rustre, et si le chien dit de lui :

— C'est une mauvaise bête !

L'ennemi commun.

CHAPITRE V

LE GIBIER A PLUMES :
LA PERDRIX

— Le véritable gibier d'ouverture, dit un maître expert en matière de chasse (1) et dont l'avis
vaut un axiome, est la perdrix.
La caille aussi comptait... dans
le temps où il y avait des cailles.

Mais y a-t-il encore des perdrix? La question n'est pas aussi
paradoxale qu'elle semble en
avoir l'air. Interrogez un chas-

_____

(1) M. Ernest Bellecroix, le distingué et si sympathique directeur de la *Chasse Illustrée.*

seur qui ne se paie pas d'illusions et qui sait fort bien à quoi
s'en tenir, il vous répondra certainement :

— On détruit sans reconstituer. On dépeuple sans prévoyance de l'avenir. Sans doute, la fécondité de ce gibier est
merveilleuse, et elle pourrait réparer la destruction, due aux
causes ordinaires, plomb du chasseur ou du braconnier, dent
du renard, serre de l'autour et des nombreux oiseaux de
proie; mais on fait d'autres ravages qui sont irréparables. La
fauchaison des prairies aux époques de la couvaison, principalement des prairies artificielles, ne laisse presque rien subsister des œufs, qui sont mis à néant chaque année par milliers.
« Les perdrix ont tort, disent les gros malins, elles devraient
faire leurs nids dans les blés. » Je répondrai à ces critiques :
« Allez donc les avertir du danger qu'elles courent! » Mais
les perdrix, si elles pouvaient parler, auraient des arguments
irréfutables de leur conduite. « Vous ne savez donc pas, ré-
pliqueraient-elles, que vos blés, vos orges, vos seigles ne constituent plus pour nous des abris de tout repos. Vous avez
changé votre mode de culture par vos semis en lignes; vos
guérets sont tirés au cordeau; les épis droits de vos céréales
forment des rangées régulières, et nos allées et venues dans
les sillons n'échappent plus aux rapaces qui, du haut des
airs où ils planent, nous voient tout de suite. Autrefois
nous avions des refuges qu'avait créés pour nous la nature :
ronciers, landes de fougères, haies vives, boqueteaux, vous
avez défriché tout cela. Que nous reste-t-il comme couverts :
vos cultures fourragères? Vous en avez fait des pièges pour
nous, et, plus cruels encore que les rapaces, vous massacrez

nos perdreaux même avant qu'ils ne soient éclos. Où donc voulez-vous que nous vivions? Dans un champ de trèfle, de sainfoin, de luzerne? Jamais. Aussi qu'arrive-t-il? Vous travaillez de toutes les façons à notre extinction totale, et vous le savez si bien que, ne trouvant plus de perdreaux et de per-

Perdrix rouges.

drix à tirer, vous assassinez les petits oiseaux, pinsons, verdiers, étourneaux, sansonnets, mésanges, sans même avoir pour excuse que vous chassez par besoin de nourriture. Mais nous serons vengées et les petits oiseaux inoffensifs le seront avec nous. Dans votre ingratitude, vous oubliez tous les services que l'on vous rend. Vous massacrez inconsidérément tous les petits travailleurs laborieux, qui, grattant et piochant sans cesse, vous débarrassaient, en retournant le sol, des larves d'insectes, et en respectant ceux-ci, vos ennemis, pour faire la guerre à ceux-là, vos amis, vous laissez grandir la chenille qui dissèque vos arbres, le phylloxéra qui ronge vos vignes, le puceron qui fait périr vos pommiers, le hanneton qui dévaste tout, et les légions qui s'attaquent à vos pommes de terre, à vos betteraves, à tout ce que vous croyez pouvoir récolter. Vos belles richesses agricoles s'en vont les unes après les autres, mortes avant la moisson, et le jour n'est pas loin où vous verrez s'abattre sur vos champs, comme en Égypte, ces nuées de sauterelles, fléau et châtiment à la fois. »

Ce langage n'est pas seulement figuré. Nous n'avons plus en effet bien souvent sous les yeux, quand nous nous promenons à la campagne, au temps où la chasse est prohibée, le délicieux spectacle, observé en tapinois sans bruit, d'une compagnie de jeunes perdreaux conduits par leur père et leur mère, et prenant plaisir à se poudrer. Que de provinces de France, pour ne nous occuper que de notre pays, d'où les perdrix rouges et grises ont disparu depuis longtemps, si ce n'est sur quelques chasses réservées dont les propriétaires ont souci de leur gibier. Nos espèces indigènes se meurent; elles sont mortes! Et le peu qu'il en reste, qui suffirait encore au repeuplement si l'on y procédait avec intelligence, est victime de l'égoïste savoir-faire de ces prétendus chasseurs honnêtes qui tuent tout le gibier de leur canton, pendant la saison du couple, et sont, comme le dit fort bien un écrivain cynégétique autorisé, ne leur mâchant pas la vérité « des gredins pires que les plus dangereux braconniers panneauteurs et fileteurs ».

Le crime, on ne saurait l'appeler autrement, est d'autant

plus grand que depuis quatre cent cinquante ans la perdrix est considérée en France par tous les chasseurs d'élite, par tous ceux qui ont eu ou ont encore droit à la qualification de vrais sportsmen, comme le gibier à plumes par excellence. Il y a quatre siècles et demi, en l'an 1440, elle fut introduite chez nous par le roi de Naples, René d'Anjou, à son retour de l'île de Chio, qui faisait alors partie de la Provence. On lui donna d'abord le nom de perdrix grecque et elle se propagea tellement qu'en peu d'années on en trouva partout; mais cette tradition est peut-être apocryphe, car, suivant quelques historiographes de la chasse, la perdrix grecque serait tout simplement la bartavelle, dont il sera question plus loin, et la perdrix grise l'aurait longtemps auparavant précédée dans tout le centre de l'Europe.

Quoi qu'il en soit, nous en connaissons aujourd'hui quatre types bien caractérisés de premier ordre : la *perdrix grise*, la *perdrix rouge*, la *roquette*, la *bartavelle*, auxquelles il faut ajouter la *rochassière* et, dans nos zones froides, alpestres ou pyrénéennes, la *perdrix blanche* ou *lagopède*.

La perdrix grise est la plus répandue : point de vraie chasse au chien d'arrêt sans elle. Cependant ce sport n'est vraiment captivant que dans les localités assez distantes des grandes villes, où il n'y a pas fréquence de rencontre d'un nombre plus ou moins grand de chasseurs sur un même point, ni bruit continuel des clameurs de chiens, car, dans ce dernier cas surtout, les oiseaux délogent, partent à de longues distances et disparaissent bientôt à la vue. Il faut surprendre les perdrix grises dans les petits bois, les jeunes taillis, sur les lisières, aux endroits où le soleil n'est pas brûlant. Le nord de la France les retient mieux que les autres départements : la Normandie et le Pas-de-Calais leur sont particulièrement agréables, et il y a cinquante ans, elles abondaient dans les champs de céréales des villages éparpillés autour de Saint-Omer et de Béthune, dans cette partie de l'Artois, à Fauquemberque, Fruges, Pernes, Thérouanne. Les collines leur plaisent plus que la plaine et il est rare qu'elles s'aventurent dans la grande forêt.

La perdrix s'accouple en mars, ou dès le mois précédent, ou jusqu'au commencement du mois suivant. En cette saison de printemps naissant, les mâles se battent en des luttes désespérées ; les femelles assistent impassiblement au combat dont le vainqueur deviendra le chef de la famille ; mais si le coq triomphant est, pour une cause quelconque, privé de ses droits, soit qu'il tombe sous le plomb du chasseur, soit qu'il se trouve dans la nécessité de fuir devant les chiens, la poule l'oublie vite pour ne plus s'occuper que de l'autre champion, d'abord vaincu et dédaigné. Les gardes, qui connaissent cette faiblesse, la mettent à profit pour ne pas laisser en vie plus de coqs qu'il n'y a de poules, mais il arrive, en tuant les autres, qu'on épargne quelques-uns de ceux qui avaient été trahis par la femelle. Alors ils cherchent le nid de l'infidèle et, s'ils le trouvent, détruisent les œufs, sans doute pour se venger.

La perdrix est en effet un des oiseaux les plus tenaces que l'on connaisse. On en a la preuve dans bien des circonstances, et tout spécialement dans la sollicitude des mères pour leurs

couvées. Elles prennent d'abord les plus grandes précautions
pour faire leur ponte en un lieu qu'elles croient abrité. Le nid
est, à vrai dire, d'une extrême simplicité : un pli de terrain,
un creux de sillon, une empreinte un peu profonde du sabot
d'un cheval. Elles y déposent un certain nombre d'œufs
verdâtres, gros comme un œuf de pigeon, dix, douze, quinze,
et elles ne les quittent plus qu'ils ne soient éclos. Quand les
petits ont brisé leur coquille et se mettent à courir, la mère les
suit partout avec une tendresse vigilante, une constante
anxiété, et le coq l'assiste dans cette tâche. Il faut voir avec
quelle ardeur elle les protège quand il y a menace de péril,
avec quelle vaillance elle les défend, allant jusqu'à se laisser
faucher plutôt que de les abandonner, et s'ils périssent, ne se
consolant que lorsqu'une nouvelle ponte, appelée *recoque-
tage,* lui aura rendu un second espoir de famille.

Le perdreau, en état de se servir de ses ailes, mais ne pouvant encore résister à une attaque, est un *pouillard;* quand ses
plumes grises prennent l'aspect de mailles, en se couvrant de
taches jaunes et rouges, il est dit *maillé;* puis il lui vient,
lorsqu'il est un peu plus âgé, une tache rouge au coin de
l'œil. Ensuite la poitrine se garnit de plumes rouge-brun
semblables à la couleur de la rouille; à cet âge, le perdreau
est *perdrix.* Le jeune perdreau a les pattes jaunes; cette
nuance se fonce et se plombe avec les mues successives, jusqu'à ce qu'elle ait passé tout à fait au brun. La plume externe
de l'aile, qui commence par être arrondie, se termine en pointe
après la seconde mue, et cette particularité vient en aide
pour déterminer l'âge de l'oiseau. Les mâles se reconnaissent

au fer à cheval qu'ils ont sur la poitrine dès le troisième mois. Le proverbe a raison : *A la Saint-Jean* (24 juin) *perdreau volant.* C'est vers le 1er octobre que les perdreaux atteignent toute leur croissance, et le proverbe le dit encore : *A la Saint-Rémy perdreaux sont perdrix.*

Sauf dans la saison de la ponte et de la couvaison, les perdrix demeurent réunies en *compagnies.* Celles-ci sont formées des vieux couples, des jeunes oiseaux et de quelques égarés qui ont réussi à fuir au moment de la destruction. Les *compagnies* ne quittent guère le voisinage de l'endroit où elles sont nées, à moins qu'elles ne soient pourchassées ou effarouchées par un oiseau de proie. Avant de prendre leur vol pour se diriger de l'agrainage vers le couvert où elles passent la nuit, ou le lendemain matin pour faire le même chemin en sens inverse, elles poussent leur cri bien connu. qui a pour objet de rassembler la compagnie. Le cri du coq est plus haut et plus long que celui de la poule. Les braconniers, qui ont étudié toutes leurs habitudes, les découvrent à cet appel. Ainsi trahies par elles-mêmes, elles se livrent à eux et, la nuit venue, toute la couvée tombe dans le filet. Un moyen curieux de les soustraire à ces maraudeurs nocturnes, c'est, dit-on, de prendre la couvée, de la tenir enfermée pendant vingt-quatre heures dans un endroit convenablement préparé pour empêcher toute évasion, puis de lâcher perdreaux et perdrix qui regagnent aussitôt leurs couverts, mais sont désormais tellement en éveil et prudents, se défendent si habilement, qu'il n'est plus possible de les tirer sans beaucoup d'habileté.

Il est quelquefois difficile de trouver les différents élé-
ments d'une compagnie brusquement séparée et qui s'est

En famille.

éparpillée sur un terrain assez vaste, surtout par un temps
chaud, quand les chiens sont fatigués. La perdrix, isolée de
sa compagnie, a une parfaite conscience du danger, et, pour
ne pas être victime, elle recourt à la ruse, se tient absolu-

ment immobile, sans se laisser éventer par le chien, en sorte que même avec un très bon flair il passe souvent à côté d'elle, à moins de culbuter dessus par accident.

Sous les bois couverts, dans les navets, pommes de terre, trèfle, il est aisé de s'en approcher ; mais elles savent faire faire du chemin à qui les poursuit et prendre rapidement si bien l'avance en courant, que lorsqu'elles se lèvent, elles sont hors de portée ou si loin, qu'il faut un excellent fusil et une sûreté de visée tout à fait remarquable pour les atteindre. Ceux qui n'ont ni prestesse, ni grande expérience du maniement de l'arme, ni accoutumance de la perdrix, ni rapidité du tir, échouent en pareille occasion, surtout dans la chasse en battue où le vol de l'oiseau est élevé et rapide. Ceux qui tiennent leurs chiens derrière, les excitent sans trêve, leurs parlent sans repos, n'obtiennent guère de bon résultat, ni à l'approche de la compagnie, ni au décrocher du coup. Les perdrix reconnaissent immédiatement à qui elles ont affaire et sont merveilleusement adroites à jouer des pattes. Pour ne pas être dupe de leur tactique, le meilleur moyen est de diviser la compagnie sur laquelle le chien s'est arrêté et qu'il tient bien. Un ou deux coups de fusil la dispersent ; les individus s'envolent un à un, à droite, à gauche, et, s'ils ne sont pas habitués aux manœuvres d'ensemble, ce qui est le cas des jeunes perdreaux, ils s'épouvantent, fuient en désordre vers les couverts où on les rejoint bientôt.

Dans les petits champs de trèfle ou de pommes de terre, lorsqu'elles prennent la course, le mieux est d'aller les attendre à l'autre bout en laissant le chien les suivre. Généralement, quand elles arrivent elles-mêmes à l'extrémité du champ, ne pouvant pas retourner en arrière, elles se lèvent, et c'est le moment de faire un doublé, en les tirant à plein corps, si elles passent à portée moyenne ; en ajustant haut, si elles sont loin ; ou en lançant le plomb en avant du bec, si elles se montrent de côté.

Par les temps humides, elles restent toujours couchées dans le champ. Il faut alors les approcher en travers, mais il est peut-être inutile d'indiquer comment il faut s'y prendre. Les moyens varient suivant les circonstances. Cela ne veut pas dire qu'un bon chasseur né puisse pas donner quelques conseils profitables à un débutant, et que l'on soit absolument tenu de s'abstenir de tout avis, comme ce médecin à qui son malade disait :

— Docteur, je ne puis manger le poisson ni à la sauce, ni en friture, comment faire?

— Il n'y a rien de plus simple. N'en mangez pas!

Au novice qui ne saura pas comment s'y prendre avec la perdrix, je ne me bornerai pas à répondre : « N'en tirez pas! » mais je recommanderai de se tenir à bas vent, de ne pas fouiller les chaumes et les champs, trèfle, sainfoin, luzerne, betterave, maïs, vignes, bruyères, sarrasin, avant que la rosée ait été bue par le soleil, et d'attendre que la chaleur soit assez forte. Toutefois, cela dépendra du temps sec, venteux ou pluvieux.

La perdrix grise s'attache aux terres cultivées, la perdrix rouge préfère les buissons, les haies, les genêts, les vignes sauvages, les bruyères, les côteaux pierreux. La différence entre les deux gibiers est très marquée. La première se tue en septembre, à l'ouverture de la chasse; la seconde en octobre, novembre et décembre. La perdrix grise habite la zone septentrionale de la France, en descendant jusqu'en Beauce; l'autre, au contraire, occupe toute la partie occidentale du pays, du nord au midi, en se rapprochant cependant du centre et en quittant le Calvados, où elle n'existe pour ainsi dire plus et l'Anjou qu'elle délaisse chaque année davantage pour se replier sur la Sologne et le Gâtinais.

La perdrix rouge est un superbe oiseau beaucoup plus grand que la perdrix grise; comme celle-ci, elle s'assemble, au commencement de la saison, en compagnies sans être aussi sociable. Il en résulte qu'elle se disperse plus facilement, même lorsque les compagnies sont à terre; elles se séparent, s'éloignent l'une de l'autre, de telle sorte que les individus se lèvent dans des directions différentes et que leur nouvelle réunion ne s'opère le plus souvent qu'à de très grandes distances du chasseur. A la fin de la saison elles montent en ligne perpendiculaire et partent comme le faisan avec la plus grande rapidité. Les tirer en les touchant au bon endroit est difficile et requiert de l'œil et de la main.

Elles tiennent ferme; après avoir couru vivement dans les fourrés où elles se jettent, elles se rasent et ne bougent plus devant le chien en arrêt; elles sont alors si immobiles qu'on dirait des pierres. Plus nomades que les perdrix grises, elles quittent bien des fois une localité sans que l'on sache pourquoi et n'y reviennent plus jamais. On attribue ces départs

subits et sans retour à leurs querelles avec les autres oiseaux.
Elles sont en réalité sauvages et la vie des bois et des mon-

L'ouverture des vignes.

tagnes, celle qu'elles affectionnent, les rend encore plus
apeurées. Devant les chiens elles se dérobent dans les ronciers; quand on les surprend dans leurs coteaux elles cherchent un refuge au fond des vallées où elles s'abattent en

plongeant. Elles sont percheuses, mais ne restent pas long-temps sur l'arbre.

La perdrix rouge a le bec et les jambes, ainsi que l'iris, de la couleur à laquelle elle doit son nom ; la gorge est blanche encadrée d'un collier noir dentelé. Le ventre est d'un jaune d'ocre, avec bandes transversales tricolores, blanc, noir, marron, formant sur les flancs de brillantes écailles. Le haut de la tête et du corps est d'une belle couleur prune dorée.

Elles couvent comme les perdrix grises, mais leurs couvées sont moins nombreuses et, signe tout à fait particulier de leur caractère, quand la poule se met sur ses œufs, le coq l'abandonne complètement de même qu'il ne s'occupe en rien des poussins.

Les mérites respectifs de la perdrix grise et de la perdrix rouge ont été l'objet de bien des discussions. Les rouges se recherchent pour la beauté de leur plumage, mais en revanche les grises ont la supériorité à la course. Par contre les rouges l'emportent peut-être par la rapidité du vol. Les grises, toujours en compagnies, se défendent mieux ; les rouges *s'égaillent,* c'est à dire se séparent au moindre obstacle qu'elles rencontrent en chemin, mais on les retrouve bientôt une à une dans les remises boisées ou dans les haies avoisi-nantes. Une fois la compagnie de grises levée, il est inutile de chercher à la rejoindre ; les rouges, au contraire, vont se remettre séparément dans les vignes, dans les petits bouquets de bois situés sur les coteaux. Ajoutons que la perdrix rouge, étant plus grosse que la grise, est un plus beau coup de fusil. Quant à savoir laquelle des deux est plus délicate

au goût, on pourrait dire : « Cela dépend de l'appétit »;
mais les grands gourmets qui font autorité en matière culinaire, les classiques de la table, comme Brillat-Savarin, donnent sans hésiter la palme à la grise dont la chair est moins
sèche, plus savoureuse, et dont le fumet a une senteur plus
agréable. Il est vrai que le tout est de savoir les faire servir
à point à des convives, encore faut-il que ce soient des connaisseurs.

— J'ai mangé de délicieux perdreaux gris et des perdreaux
rouges qui étaient parfaits, vous dira un bec-fin, et il s'en
léchera encore les lèvres, en vous rappelant que les rouges
avaient été accommodés par le cuisinier d'un duc, les gris
par le chef de Chevet.

Les amateurs vantent le perdreau rôti, bardé et enveloppé
d'une feuille de vigne, mais on peut avoir aussi recours au
salmis et au pâté de Chartres. Quelques cuisiniers raffinés
placent les ailes de perdreaux piquées et rôties sur une farce
d'alouettes désossées, après avoir retiré le gésier, et pilées
dans un mortier. C'est un mets d'une grande délicatesse
qu'il convient d'arroser de quelques verres de Pomard au-
thentique.

En résumé la perdrix a toujours été au premier rang sur
la carte de la table. Il y a peut-être mieux pour le gourmet,
il n'y a rien de préférable pour le chasseur.

La *bartavelle* a le devant du cou d'un blanc pur entouré
d'un simple collier noir tandis que la perdrix rouge présente,
au lieu de ce collier, un semis de petites taches descendant
presque sur la poitrine. La bartavelle est en outre reconnais-

sable à sa grosseur qui est le double de celle de la perdrix grise. En Grèce, en Albanie, en Asie-Mineure, d'où les bartavelles tirent leur origine (on les appelle aussi, je l'ai déjà dit, les perdrix grecques), elles ont, au dire de certains chasseurs, qui les ont tirées là-bas, des proportions telles qu'une fois dépouillées et prêtes à être mises à la broche, la largeur de leur aile, à la naissance, égale celle d'un dindonneau.

La bartavelle ressemble par l'aspect à la perdrix rouge, mais elle en diffère par le cri qui est plus continu et qui a un timbre monotone. C'est à ce cri qu'elles doivent leur nom en France : *bartaveou* dans le Languedoc veut dire bruit d'un moulin. Ce cri est particulier à une région : en Grèce, aux environs des Dardanelles, dans la plaine de Smyrne, il n'est pas du tout le même.

La bartavelle est plus sauvage que la perdrix rouge, elle fréquente les endroits boisés et montagneux, et comme son vol est très étendu, elle lasse souvent le chasseur. Chez nous on ne la trouve plus que dans le Jura, les Alpes et les Pyrénées, mais, il y a cinquante ans, elle était encore très répandue dans l'Hérault, l'Aude, le Cantal, le Puy-de-Dôme, la Haute-Loire et l'Ardèche.

Le *lagopède* ou perdrix blanche a l'aspect, la taille, l'air d'un pigeon blanc pattu. C'est la perdrix des neiges ; nous la chassons dans les Alpes et les Pyrénées, mais elle est plus abondante dans certaines parties de la Russie, par exemple au pays des Jakouts, qui en font leur mets principal.

La *roquette* est la perdrix blonde. Petite, mignonne, au bec plus long que la grise, elle a le plumage jaune clair.

C'est une voyageuse. D'où vient-elle ? Suivant les uns, de Sibérie , suivant les autres de Tartarie. Chez nous elle arrive de l'Allemagne du Nord, par bandes de cinquante, cent et même deux cents compagnies. On ne la tue que par surprise. Les roquettes ne sont, suivant A. de la Rue, que des perdrix grises, plus petites parce qu'elles sont nées sur des terres maigres. Celles qu'on voit dans les collections ornithologiques ne seraient, d'après le spirituel écrivain cynégétique, faites qu'avec des peaux de perdrix grises probablement rétrécies par un procédé chimique.

Toussenel, témoin de cette supercherie, la reprochait un jour à un empailleur.

— Voyez-vous, Monsieur, lui répondit le marchand, dans le commerce il faut faire ses affaires. Si je répondais à ceux qui me demandent des roquettes que je n'en ai pas, je me perdrais dans l'esprit de mes clients. Les amateurs de roquettes sont de grands enfants, ils veulent une roquette : Je la leur fais.

La *rochassière* habite le Dauphiné et tient le milieu entre la bartavelle et la perdrix rouge commune, mais son vol est moins bruyant. On ne la trouve que sur les cimes des montagnes les plus élevées.

La perdrix, ai-je dit, devient peu à peu dans nos chasses un mythe. Il n'est cependant pas impossible de l'y faire reparaître. Quelques propriétaires de chasses gardées ont le bon esprit de s'occuper de ce rengiboyement, en se procurant, dans la saison, des œufs en quantités suffisantes dont ils confient l'incubation à des poules naines ou à des couveuses artificielles; quand les poussins sont éclos ils les mettent sous la garde d'un coq perdrix, préférablement d'un coq sauvage, et il faut voir avec quelle habileté ce professeur de la vie libre remplace, dans la conduite et l'éducation des petits, la prudence et les soins de la mère. Tant il est vrai que la nature a pourvu à tout.

CHAPITRE VI

EN PLAINE :
LA CAILLE. — LE RALE.
L'ALOUETTE.

Les Latins appelaient la caille *coturnix*, les Grecs *ortyx*. Interrogez les dictionnaires d'histoire na-

Un beau fusil.

turelle, ils vous affirmeront ceci :

La caille est répandue sur la moitié du globe, on la trouve dans presque tout l'ancien monde et les bords de la Méditerranée en fourmillent dès le mois d'août.

Questionnez, au contraire, les chasseurs français, ils seront presque tentés de répondre : — Oui, la caille, un gibier de premier ordre, mais qui n'existe plus que dans Buffon.

Il y a un peu d'exagération de part et d'autre.

Le fait est qu'autrefois — je reviens toujours à un demi-siècle en arrière — il y en avait beaucoup chez nous dans les départements du sud et de l'ouest. Parlons en donc, comme on pouvait encore en parler il y a un demi-siècle, quand le chasseur de campagne, le vrai nemrod celui-là, partait en société d'un bon chien, foulait la plaine pied à pied et ne quittait aucun buisson sans l'avoir battu. Aujourd'hui le sportsman fait fi de ce charmant oiseau maintenant méconnu. Le chasseur rustique se dit « tant mieux » et il continue à quêter. Lorsqu'il a la chance de trouver le long des chenevières, dans les champs de sarrasin, au bord des fossés, dans les herbes sèches en bordure ou des taillis, une volée de cailles, s'il a un chien à bon nez et suivant bien et arrêtant de même, il peut être sûr d'avance de remplir son carnier.

Quelques tireurs les considèrent comme assez difficiles à atteindre, parce qu'elles se meuvent rapidement, mais ce mouvement est si égal, si régulier, que ceux qui sont accoutumés à les voir filer, les manquent rarement. En réalité, avec un peu d'expérience, on les tire comme en se promenant, d'autant plus que jamais un cailleteau n'est fort loin de l'autre et que lorsqu'on en a levé un, il y en a trois ou quatre qui, sous l'arrêt du chien, ne tarderont pas à partir isolément.

La caille est un oiseau de passage en France : elle n'y vient que pour l'accouplement et la nidification et n'y reste que de mai à septembre ; cependant quelques-unes hivernent dans certains de nos départements, où l'on en tue en janvier et même en temps de neige. Au printemps, quant tout est à découvert, chaumes et vignes, elles se tiennent dans les champs de trèfle et dans les blés verts, d'où leurs noms *cailles vertes*. Puis elles se nichent dans les champs de sarrasin, de trèfle, et dans les chenevières, où elles deviennent peu à peu énormes jusqu'à égaler la taille d'un demi-perdreau. Alors on les appelle *cailles grasses*.

En mai elles fourmillent sur les côtes de la Méditerranée ou de l'Afrique. Ce sont de grandes émigrations au cours desquelles on les voit parfois si lasses qu'elles se laissent tomber dans la mer avant de pouvoir atteindre le rivage. Elles ouvrent et étendent leurs petites ailes palpitantes pour prendre le vent et sont ainsi transportées jusqu'à la côte. Là, les riverains les attendent en foule et, entrant dans l'eau jusqu'au genou, les prennent par milliers. Sous Charles X on avait interdit cette capture et les préfets donnaient des ordres sévères aux gendarmes et aux gardes-champêtres pour garantir les voyageuses contre ces « pêcheurs de cailles ».

Un vieil auteur du commencement du dix-huitième siècle raconte que, lorsqu'elles sont fatiguées et incapables de poursuivre leur vol, elles se perchent sur les cordages de navire « en si grande quantité qu'elles le font sombrer » ; mais ces faits extraordinaires et évidemment fabuleux sont de la même catégorie que ceux qui ont rapport au fameux serpent de mer.

Quoi qu'il en soit, on peut se faire une idée du nombre prodigieux des cailles qui font la traversée de la Méditerranée par ce fait bien connu et souvent confirmé : l'évêque de

Capri, qu'on appelle encore l'*évêque aux cailles*, se fait un revenu par an de 25.000 francs avec ces volatiles sur lesquels il a un droit de régie, et ces 25.000 francs représentent pour le moins un total annuel de 150.000 cailles.

Leurs voyages sont très curieux. Elles les accomplissent systématiquement, à des époques si bien déterminées que l'on peut préciser d'avance leurs étapes et que lorsque, à la fin de l'été, elles se mettent en route, on sait quel sera leur itinéraire et comment elles se dirigeront de l'Espagne, de l'Italie, des bords de la mer Noire et de la mer Caspienne vers l'Afrique méridionale, les îles de la mer du Sud et la Nouvelle-Zélande, où elles s'arrêtent de préférence.

Leurs mœurs sont caractérisées par l'indépendance. Le mâle, despote inconstant, vole d'amours en amours, maltraitant les femelles à coups de bec, et bataillant avec les autres mâles; si bien que dans certaines contrées, en Grèce pendant l'antiquité, en Chine encore de nos jours, les combats de cailles ont remplacé ceux de coqs.

La caille pond de huit à quatorze œufs dans le sillon d'une emblavure; son nid, des plus élémentaires, est tout simplement un creux négligemment tapissé de quelques herbes desséchées. De ces œufs, jaunâtres avec des taches brunes de teintes différentes très irrégulières ressemblant à la robe de la pondeuse, sortent au bout d'une vingtaine de jours, des cailleteaux très vifs, pour lesquels elle témoigne la plus grande sollicitude. Leur croissance est rapide. En très peu de temps ils commencent à voleter et à pouvoir se suffire. Ils se séparent alors, vaquant individuellement à leurs besoins et ne vivant pas en commun comme les perdreaux, leurs cousins. Leur nourriture se compose de grains, feuilles, bruyères et insectes; de temps en temps elles ingurgitent quelques petites pierres, selon la coutume de la plupart des gallinacés; elles boivent, volontiers, mais les gouttes de rosée sur les feuilles leur suffisent amplement.

C'est un joli et même gracieux oiseau. Le mâle a la tête marquée de taches de différentes couleurs noires et rougeâtres, avec trois belles raies longitudinales l'une au haut, l'autre sur les côtés en passant au-dessus des yeux. La gorge est rouge avec quelques rayures rouge-brun et le cou tricolore : noir, rougeâtre et gris. La femelle a le cou blanc, la poitrine blanche truitée de petites taches noires.

Ai-je besoin d'ajouter que sur la table il est peu de mets plus succulents? Mais il importe que la caille dont la chair est tendre, onctueuse, soit mangée fraîche pour ne pas laisser s'évaporer son parfum.

La caille, après sa mort, réclame au reste des soins particuliers : ce sont des doigts délicats et fins, des doigts accoutumés à la broderie, et non de grosses mains de cuisinière, qui doivent la plumer, sans la déchirer ou la brutaliser. Quant au mode de cuisson, les gourmets n'en connaissent qu'un : rôtie entre une double cuirasse de feuilles de vigne et de bardes de lard. Tout autre procédé, dit A. de la Rue, est un sacrilège. Mais il ajoute : cependant, pour faire diversion, essayez d'une caille en papillotte. En procédant à l'autopsie sur votre assiette, vous ne serez pas sans remarquer que votre caille, enfermée hermétiquement entre deux feuilles de papier beurrées, a gardé plus de fumet qu'à la broche.

Chasseurs de cailles.

C'est dans les Hautes et les Basses-Pyrénées, dans le Gers, la Haute-Garonne, le Tarn et l'Hérault, que l'on fait les plus belles chasses de cailles. Il y a dans ce dernier département, des « cailleries », réunion de poteaux plantés de distance en distance dans les vignes, et sur lesquels se trouve une planchette servant de support à une cage, renfermant une caille. Ces captives rappellent entre elles, et la nuit, les passagers leur répondent et s'abattent aux alentours.

La chasse à la caille offre, à vrai dire, peu de péripéties, mais elle ne manque point d'intérêt, et quand on n'a pas beaucoup de temps ni beaucoup d'argent à dépenser, on y trouve un véritable plaisir que l'on peut prolonger pendant quatre nuits. Dans les plaines et les vallées du Midi, c'est-à-dire entre la Garonne et l'Adour, il n'existe point de sport plus activement recherché. Et l'on n'en saurait mettre en doute l'agrément. On sort de chez soi, vêtu sans prétention, le fusil sous le bras, du petit plomb dans la cartouchière, un chien trottant devant ou derrière en camarade et tournant quelquefois la tête ou donnant un petit jappement, comme pour dire : « On ne cause donc pas un brin ». On entre dans les chaumes, les petits millets, les sarrasins roses, les pique-poux ou vignes basses, les champs de maïs, et l'on déloge quatre, cinq, six cailleteaux ou un gros mâle ou une grosse femelle. Toute cette gent ailée se sauve à pattes, mais sans précipitation, ayant l'air de faire la nique au chien, qui suit consciencieusement la voie, et lorsqu'il arrive trop près, la bestiole quitte le sillon pour en enfiler un autre, s'engage dans le fossé ronceux et, ne voyant bientôt plus d'issue, se laisse tenir en arrêt.

Le *râle* arrive d'Afrique avec les cailles ; il y a même des naturalistes et des chasseurs (1) qui lui donnent le nom de « roi des cailles » ; mais il diffère de celles-ci par les mœurs et les

(1) « Le bruit ayant couru, dit A. de la Rue, que le râle accompagne toujours les cailles pendant leurs longs voyages, on raconte que les courtisans par reconnaissance l'avaient sacré roi. L'histoire est jolie, mais je n'en crois pas un mot, attendu que les râles repartent en septembre, quinze jours après les cailles. »

habitudes. Ensuite, il n'a avec elles aucune ressemblance de conformation physique : le corps grêle, aplati sur les flancs, les pattes pendantes quand il vole, les doigts fort longs, il n'a, en définitive, comme aspect rien de commun avec celles qu'on lui donne pour sujettes. De plus, la caille est oiseau de plaine, recherchant les luzernes, les sainfoins, les chaumes d'avoine, tandis que le râle est oiseau de vallée, aimant les herbages marécageux. Leur seul point de rencontre est qu'ils sont, elles et lui, des migrateurs, mais leurs migrations ne s'effectuent même pas toujours simultanément, car on tue des râles jusqu'en novembre, quand les cailles sont reparties depuis longtemps vers les pays chauds.

L'appellation de « roi des cailles » est donc erronée; celle de « râle des genêts » l'est tout autant, puisqu'il est rare et tout à fait accidentel de rencontrer ce gallinacé dans les ajoncs ou dans les genêts. Sa vraie patrie est l'estuaire des fleuves.

« Dans les pays humides, dit Buffon, dès que l'herbe est haute et presque au temps de la récolte, il sort des endroits les plus touffus de l'herbage, une voix rauque, ou plutôt un cri bref, aigre et sec; *crèk, crèk, crèk,* assez semblable au bruit que l'on obtiendrait en passant et en appuyant forte- ment le doigt sur les dents d'un gros peigne, et lorsqu'on s'a- vance vers cette voix, elle s'éloigne et on l'entend venir de cinquante pas plus loin, c'est le râle de terre. »

Le râle est plus gros que la caille, il a le vol bas et lourd : sa poursuite demande plutôt de la patience que de l'habileté, parce qu'il a un certain nombre de ruses dont le chasseur

novice est dupe. Ainsi, lorsqu'on le tire sans l'atteindre, il
feint d'être blessé en laissant traîner les pattes, et profite de
la bonhomie naïve du chasseur inexpérimenté, qui va vers

La tour aux cailles.

lui d'un pas tranquille en se croyant sûr de le ramasser, pour
lui échapper ; d'autres fois, quand on est convaincu que le
chien le tient en arrêt, le roué revient sur ses voies en se
glissant dans la touffe de trèfle ou d'herbe, et vous le voyez
partir tout à coup à vingt pas derrière vous ; ou bien encore,

si vous lui avez mis un plomb dans l'aile, quand vous vous persuadez qu'il s'est remisé près de l'endroit où il est tombé, vous découvrez, en arrivant à la remise, qu'il n'est plus là : il a déjà fait cinq ou six mètres de chemin, même davantage, en marches et contremarches, et finalement il a disparu. C'est à refaire.

Quand les râles arrivent en France, d'Afrique, par volées presque innombrables, ils s'avancent de nuit dans l'intérieur des terres, car ils ne voyagent pas le jour. S'ils ont la chance de rencontrer quelque bon cantonnement en route, ils se répandent dans la région, entrent dans les prairies, dans les herbes marécageuses, quelquefois dans les friches couvertes de genêts et s'y fixent. Alors ils s'accouplent, pondent, couvent, veillent sur leurs petits, et quand ceux-ci sont grands, la saison finie, retournent en Afrique, avec les cailles ou après elles. A la fauchaison des prés, ils se logent dans les sarrasins et les avoines, puis dans les jeunes taillis. La femelle fait son nid dans un creux ou dans une rigole. Elle y dépose de huit à dix œufs d'un jaune brunâtre, avec de petits points rougeâtres, et souvent plus grands que ceux de la caille. Les petits offrent un aspect curieux : ils sont noirs et couverts de duvet comme les canetons et suivent la mère à travers les herbes, en se nourrissant d'insectes, de graines d'herbes et de plantes. Ils deviennent très gras et, à l'arrière-saison, sont tout à fait en point.

Jusqu'en septembre ou octobre, ils ne valent pas grand'-chose, et comme il faut attendre pour les tirer convenablement, comme on n'est pas sûr d'en faire lever deux à la suite, on ne les chasse que par occasion, quand on les rencontre en même temps qu'on poursuit des cailles. C'est peut-être un tort de ne pas en faire assez de cas; il y a des chasseurs qui prétendent qu'un râle vaut autant qu'une caille, mais beaucoup de personnes ignorent les qualités culinaires de ce gibier. Mis à la broche, après l'avoir gardé un jour ou deux, selon la température, il a un fumet délicieux.

Il ne faut pas confondre le râle de genêt ou râle de terre, avec le *râle d'eau,* le *râle baillon* et la *marouette,* qui sont aussi des oiseaux de passage et arrivent en mars et avril, pour repartir à l'arrière-saison aux approches de l'hiver. Ils n'aiment pas beaucoup à voler, ressemblant en cela au râle de genêt, et lorsqu'ils sont serrés de près, ils se jettent à l'eau et plongent comme un petit canard, pour échapper au chien. Ils courent alors sur les herbes aquatiques, et dans la pénombre on dirait des sylphes.

Le nid de la marouette est une curiosité d'architecture : il est bâti avec des brins de roseau sec, formant un lacis, dont les diverses parties sont attachées ensemble d'une manière remarquablement ingénieuse; l'intérieur est tapissé de mousse, de plume, de cheveux, de duvet de plante; posé sur la surface de l'eau, et amarré à un jonc, il se balance, monte ou descend au gré du courant. Quand on songe que le petit artiste qui construit ce minuscule chef-d'œuvre de grâce et de délicatesse, n'a pour faire sa tâche aucun outil et ne peut se servir que de son bec et de ses pattes, on ne saurait s'empêcher d'admirer son talent, surtout lorsqu'on se rend compte du travail d'équilibre qu'il a fallu concevoir et réaliser pour exécuter cette petite merveille et des soins pris par l'oiseau pour la mettre à l'abri de la destruction, dont semblent la menacer à chaque instant le vent et l'eau. Il n'y a rien de comparable, si ce n'est le nid du roitelet huppé, qui est suspendu en l'air sous la branche auquel il est attaché par un lien d'une extrême ténuité.

La perdrix, la caille, le râle, sont rangés parmi les oiseaux de plaine. A cette catégorie il faut ajouter en première ligne l'*alouette*, qui n'est pas à proprement parler un oiseau de passage, puisque ses migrations sont plutôt locales. Il y en a de quatre espèces : l'*alouette commune*, le *cochevis*, reconnaissable à son aigrette, l'un et l'autre ont le plumage gris, le *cujelier* (alouette des arbres) et la *calandre* (alouette des oiseleurs). L'alouette commune ou alouette des champs, a 18 centimètres de long, et le cochevis mesure la même taille. Le cujelier est plus petit (15 centimètres) et la calandre plus grande (20 centimètres). Les chasseurs ne tirent que l'alouette commune et le cochevis. L'une et l'autre ont le plumage gris, mais celui du cochevis est plus foncé.

Vous vous rappelez le début de la jolie fable de la Fontaine :

> Les alouettes font leur nid
> Sous les blés, quand ils sont en herbe,
> C'est-à-dire environ le temps
> Que tout aime et que tout pullule dans le monde,
> Monstres marins au fond de l'onde,
> Tigres dans les forêts, alouettes aux champs.

Au milieu d'un fouillis de brindilles enchevêtrées et feu-

trées avec art, la femelle dépose ses œufs qu'elle range avec
soin, et dans le sillon qui abrite son espoir maternel, pendant

En éveil.

de longs jours, elle demeure immobile, garantissant l'avenir
de sa couvée par la chaleur de son chétif petit paquet de
plumes, toute heureuse lorsqu'elle entend vibrer au plus
haut du ciel le joyeux et vibrant tire-lire du mâle, qui chante
pour elle, en disant : « Ne crains rien, je reviendrai bientôt ».

L'alouette se chassait autrefois le plus souvent au miroir. Ce mode n'est pas encore complètement abandonné. On se sert d'un disque de bois couvert de petits carrés de glace et formant un segment de sphère. C'est le miroir. On le place sur un pivot fiché en terre et on le fait tourner au moyen d'une ficelle, ce qui permet d'en régler les mouvements comme on l'entend. Les morceaux de verre scintillent sous le soleil dans leur rotation et l'oiseau est attiré par les facettes rayonnantes qui se meuvent rapidement en produisant sur lui une sorte de fascination. Les alouettes accourent en foule, à portée du fusil, imprudentes, inconscientes du danger. Pour peu que le chasseur soit habile et vif, il peut tirer, s'il est bien placé, jusqu'à cent coups de fusil utiles en une seule séance.

On trouve l'alouette à peu près partout en France. Aux approches du froid, elle quitte les hauteurs pour descendre dans les plaines basses, et par les beaux jours, elle s'offre à la vue en vol abondants.

La chasse de l'alouette aux filets ou à la tirasse n'est pas légalement autorisée, mais certaines administrations préfectorales la tolèrent. Ainsi, le long du littoral de la Manche et dans la Seine-Inférieure, on permet à la population maritime d'établir des tenderies à proximité de la mer, et de capturer ainsi des alouettes de l'aube à la nuit.

Les Arabes s'y prennent autrement. Au lieu du filet ou du miroir, ils emploient la lanterne. Par la nuit noire, deux hommes suivent les sillons. L'un, muni d'une lanterne, éclaire bien la terre à quelques pas; l'autre, pourvu d'une badine, assomme, d'un coup sec, les alouettes éblouies. Les Italiens opèrent de même, seulement ils remplacent la badine par une pelle. Cela, c'est du massacre, non de la chasse. Aussi en Algérie, la qualification de chasseurs d'alouettes équivaut-elle à un terme de mépris.

Pauvres petites alouettes, leur naïveté est si grande qu'on les voit dalter sur tout ce qui brille. On peut en faire l'expérience. Quand un vol d'alouettes est en vue, accroupissez-vous et jetez en l'air votre mouchoir blanc muni au préalable d'une petite pierre dans un de ses coins, pour lui donner du poids : les alouettes accourront en foule et viendront regarder de près cette surface éblouissante. Vous n'aurez qu'à étendre la main pour en saisir une ou plusieurs (1).

« Certains auteurs, dit M. Léon Reymond, ont prétendu que l'alouette n'était pas un oiseau de passage; d'autres, non moins autorisés, ont soutenu le contraire. Les premiers, traitaient de simple déplacement les pérégrinations de l'oiseau arrivant en automne dans nos contrées par bandes considérables; les seconds, alléguaient que l'alouette traversait la

---

(1) Cependant l'alouette n'a pas échappé aux modifications qui se sont produites parmi la tribu si nombreuse des oiseaux, et la gentille voyageuse ne se laisse plus entortiller par les séductions du miroir. Aussi, a-t-on imaginé pour la prendre, un appeau. M. Léon Reymond dans un ouvrage spécial (*La chasse pratique de l'alouette*, Firmin-Didot, éditeur), donne la description de ce petit instrument de métal qui, lorsqu'on y souffle, fait arriver l'alouette sous le canon du fusil. « Essayez, dit-il, et vous serez émerveillés du résultat obtenu par cette insipide musique. Aux sons grêles de vos pipeaux, les vols, changeant leur direction, viendront droit sur vous, piqueront sur le miroir qu'ils dédaignaient, s'élevant, tournant, virant, vous donnant cent occasions de placer une charge. L'alouette que vous avez manquée et qui a senti le vent du plomb reviendra voleter au-dessus de votre tête et quand, quittant votre place, vous irez ramasser les blessés, tout en faisant la cueillette, en poussant vos petites notes, vous aurez encore des victimes à coucher sur le sol. »

Méditerranée pour passer l'hiver en Afrique. Voici comment on peut expliquer cette apparente contradiction : les voyageuses se *déplacent* dans une certaine proportion et *passent* dans une autre proportion : un clan obéit à une date et d'octobre à novembre passe dans les pays chauds; un deuxième clan se déplace, va, vient, n'obéit en somme qu'aux frimas, sans jamais quitter nos contrées. Ce second clan, celui des paresseuses, trahit sa présence en décembre et janvier, à chaque tombée de neige, et arrive dans nos champs, en nombre énorme, dès que l'hiver sévit un peu rudement. Lorsqu'un manteau de neige couvre la terre, chaussez vos bottes et par curiosité allez sans fusil faire une promenade champêtre. Vous verrez la neige mouchetée d'un tas de petits points noirs, alouettes, grives, pinsons, etc. : tous ces oiseaux, mourant de faim, disparaîtront et retourneront vers le nord dès que la neige aura disparu. Mais à chaque poussée de frimas vous verrez de nouveau les champs se couvrir d'alouettes. Aussi arrive-t-il d'en tuer des quantités en plein cœur de l'hiver. »

L'alouette est le plus petit des oiseaux de plaine, l'*outarde barbue* le plus gros. C'est un gibier ailé que l'on chasse peu, parce que l'espèce en est devenue rare dans nos régions qui ne lui ont pas été hospitalières. On l'y a décimée, et il n'y a plus guère que la Champagne où le chasseur puisse en rencontrer. L'outarde fait son nid dans les blés, les seigles et les orges. Ses œufs, gros comme ceux de l'oie, sont recherchés précisément à cause de leur rareté.

La petite outarde ou *canepetière* est plus commune. Elle

arrive au printemps et repart en automne. Elle paraît encore

Pluviers.

aujourd'hui dans certaines de nos régions du nord et du

centre, en Normandie, en Champagne, dans le Loiret, où elle se présente en compagnies, en bandes. Il n'est pas commode de la tirer, parce qu'elle ne se laisse pas aisément approcher et on ne peut en tuer que de jeunes qui se sont égarées dans les betteraves ou les sainfoins et que leur isolement a désorientées, en les privant de la tactique généralement adoptée quand elles sont en troupe et qui consiste à se tenir toujours très loin, dès qu'elles aperçoivent un chasseur, un chien, ou entendent un bruit suspect.

On cite quelquefois parmi les oiseaux de plaine, le *pluvier* doré, le pluvier gris ou *guignard* et le pluvier à collier ou *ribaudet*, mais cet oiseau fréquente plutôt les fonds humides et les terres limoneuses.

Quant au *syrrhapte* ou *hétéroclite* que l'on chasse en plaine et qui, à première vue, paraît avoir quelque parenté zoologique avec la caille, on ne peut pas dire qu'il habite la France pendant quelques mois comme les autres oiseaux de passage. Lorsqu'on l'y aperçoit, c'est un véritable hasard, à peu près aussi étranger à ses mœurs et à son itinéraire accoutumé de voyages que la présence d'un cachalot dans la Seine, à Rouen, ou dans la Garonne, à Bordeaux. Il lui est arrivé de quitter ses plateaux de l'Asie et de venir chercher en curieux, un habitat temporaire dans certaines îles qui sont en vue de nos côtes ou de celles de l'Angleterre, et de là d'un coup d'aile, car il vole rapidement et ne se repose qu'à de grandes distances du point de départ, il a pu faire une descente sur un rivage de l'ouest, tout en ne s'y acclimatant point.

On chasse en plaine de deux manières : seul ou en société, ou en battue. Seul on va où l'on veut, on part à son heure, on consulte ses propres forces, on prend conseil de sa propre volonté, de ses propres connaissances. On oblique à gauche ou à droite comme on le juge à propos. On ne gêne personne, on n'a pas à tenir compte d'un gêneur. On ne s'occupe que de soi. En société, et en battue, on doit nécessairement se faire des concessions, adopter un mode de procéder, mettant à peu près au même niveau le chasseur expérimenté et le débutant, le bon et le mauvais marcheur. Dans ces conditions, la battue ne laisse subsister qu'une supériorité, celle du tir. Les hâbleurs qui tuent à tout coup, à les entendre, et qui rentrent le carnier vide..., parce qu'ils ont perdu leur gibier..., ont beau jeu de vantardise quand ils chassent en compagnie. Et rien de plus amusant que leurs récits. On en ferait des volumes.

— Vous savez bien, s'écriait l'un d'eux, que mon cousin a tué un jour soixante-douze perdrix à balle sans en manquer une.

— Bah ! répliquait avec stupéfaction celui qui l'écoutait, je ne croyais pas votre cousin aussi fort que cela.

— C'est pourtant l'exacte vérité.

— Eh bien, s'il consent à tirer à balle et à me laisser tirer à plomb, je tiens contre lui ce qu'il voudra.

— Vous savez bien qu'il est mort.

La battue en commun ne prête pas seulement à la hâblerie.

— J'avais, raconte un chasseur, invité un de mes amis,

nous chassions en plaine, un peu séparés l'un de l'autre, et à chaque instant j'entendais sa fusillade. Au bout d'une heure je le rejoins.

— Eh bien, vous devez en avoir un filet, me dit-il...

— Je ne me plains pas trop et vous.

— J'ai beaucoup touché, mais vous savez que je n'ai pas de chance. Je perds plus de gibier que je n'en ramasse. J'avais pourtant mis trois perdreaux dans mon carnier, le carnier que voici, mais tous les trois sont partis.

— Comment ?

— Je me le demande. Ils étaient pourtant si bien atteints qu'ils n'auraient plus dû bouger. Je ne tire pas mal.

— C'est vrai, dis-je avec un sourire.

Cinq minutes plus tard, un perdreau part, il le vise et me met trois cents grains de plomb dans le dos. Il n'avait vu que le perdreau.

Ce sont les doux plaisirs de la chasse en battue.

La fauvette des roseaux.

CHAPITRE VII

SOUS BOIS. — LE FAISAN

Au sud de la Colchide, dans cette partie de l'Asie Mineure où s'élèvent les hauteurs du Mesjidi que les anciens appelaient Mont Moschicus, naît le fleuve du Phase, qui va déverser ses eaux dans la mer Noire ou Pont-Euxin. C'était, aux époques les plus reculées de l'histoire, la limite naturelle entre l'Europe et l'Asie. Non loin de l'embouchure, les Milésiens avaient fondé une colonie à laquelle ils donnèrent également le nom de *Phasis*. Comme le Pactole, qui coule en Lydie, le Phase roulait, suivant la tradition mythologique, des paillettes d'or et c'est à celles-ci que le bel oiseau familier à cette région devrait la magnificence de son plumage. Les Argonautes, qui vinrent faire en Colchide la conquête de la Toison d'Or, firent escale à Phase au retour de leur expédition, s'y emparèrent d'un certain nombre de couples de faisans et les transportèrent en Grèce où ces superbes gallinacés se multiplièrent. Ainsi dit la légende et l'histoire ajoute qu'au XIe siècle, lorsque les Croisés revinrent de Constantinople, ils avaient en leur possession quelques-uns de ces oiseaux qui, grâce à eux, s'acclimatèrent en France.

Vraie ou imaginaire, cette explication est trop absolue, mais ce qui est certain, c'est que le faisan était connu en France, au commencement du quatorzième siècle, qu'on en voyait beaucoup dans nos provinces vers 1330, car le livre célèbre du *Roy modus* donne la manière de les chasser, et dit qu'ils étaient gibier de rois autant que rois de gibier. Le vilain qui avait le malheur de les tuer ou simplement de les prendre, était cruellement puni. L'introduction du faisan dans nos contrées, n'eut pas lieu d'une manière générale, d'abord parce que tous les climats ne lui convenaient pas et qu'il ne s'accoutuma qu'à nos zones tempérées, ensuite parce que l'on voulut s'attacher à l'élever en gibier de luxe, destiné aux plaisirs et à la table des seigneurs de la haute noblesse. Plus tard, quand celle-ci eut perdu ses privilèges, sous la Révolution, quand la chasse eut cessé d'être une prérogative royale et seigneuriale, quand les grands propriétaires domaniaux entrés dans l'aristocratie par la fortune eurent, comme un attribut de leur luxe et de leur richesse, décidé d'avoir des faisanderies, l'élevage obtenu à prix d'or donna satisfaction à ce goût qui n'en est pas moins demeuré restreint, parce qu'il coûte très cher. Il y eut toutefois quelques évadés des parcs qui s'aventurèrent dans les forêts nationales et y furent l'origine des colonies errantes, avoisinant les châteaux, comme, par exemple, autour d'Amboise, de Loches, de Chinon, de Versailles, de Compiègne et de Fontainebleau. Toutefois, le faisan est encore aujourd'hui un produit d'acclimatation, et on ne le trouve pour ainsi dire exclusivement que dans les chasses réservées.

Le chasseur ordinaire a par conséquent peu de chance d'en rencontrer à la portée de son fusil et en des endroits où il ne lui est pas interdit de les tuer; mais, comme une fois libres, ils sont enclins au vagabondage, il se peut que par un temps brumeux on en surprenne par ci par là quelque individu qui pourra payer son escapade de la vie. Pas toujours cependant, car le faisan n'est pas un oiseau commode à tirer pour le premier fusil venu. Une fois levé, il monte rapidement comme un trait en ligne droite, et si vite que bien peu de tireurs peuvent l'atteindre. Pour y réussir, il faut le rencontrer juste à l'intersection de la perpendiculaire avec l'horizontale, c'est-à-dire lorsqu'il cesse de monter. Un chasseur expérimenté ne le manque point à ce moment psychologique, mais un novice, toujours porté à lâcher la détente, le voit s'envoler ou ne lui coupe que quelques plumes de son immense queue.

Les braconniers, pour l'attirer hors des parcs, sèment à proximité quelque carré de sarrasin, où il vient, aux jours d'aventure, se régaler. Il préfère toutefois les marais bas, près des étangs, où il trouve un épais couvert, et, dans ce cas, un chien quelconque peut le tenir en arrêt; mais encore alors, il déjoue la vigilance, court, revient sur ses pas et finit par se dérober. Le mieux est de ne pas lui en laisser le temps.

Au commencement du printemps, la poule faisane fait son nid, très simple d'ailleurs, au pied d'un arbre et y dépose de douze à quinze œufs de couleur grise, verdâtre, tachetés de brun et moins grands que ceux d'une poule ordinaire. La période d'incubation est de vingt-quatre jours. Les petits, à peine éclos, cherchent eux-mêmes leur nourriture, sans trop s'éloigner de leur mère, car ils ont déjà l'instinct de la prudence. Au bout de deux mois environ, ils sont en état de voler. Le coq ne s'occupe pas beaucoup d'eux; il accompagne toutefois la poule jusqu'en septembre et alors, faisan, faisane, faisandeaux, chacun reprend sa liberté complète, va où il lui plaît et s'isole. Ils ne se rencontrent plus que par hasard dans les agrainages où la nourriture les attire. Ils restent durant l'automne et le printemps dans les nouvelles plantations, dans les bas taillis, d'où ils sortent pour visiter les agrainages, picorer les graines en quantité considérable. Ils vont au gagnage dans la plaine et se branchent la nuit dans les bois. Au matin, ils descendent dans les oseraies, les couverts,

s'y tiennent quelques heures, rentrent ensuite au fourré, y
passent le reste de la journée jusqu'à la tombée du soir, et
regagnent ensuite le taillis où ils attendent le lendemain.
Ils sont très friands de larves d'insectes, de vers, d'œufs de
fourmis, et recherchent également les baies de sureau et de
genevrier, les groseilles et les fraises, les ronces sauvages.
Aussi les trouve-t-on quelquefois tapis dans les ronciers.

Ce faisan sauvage est bien supérieur au point de vue gas-
tronomique à celui qu'on élève avec de l'œuf et de la mie de
pain. Ce dernier est un gibier sans fumet, qui ne vaut pas
mieux quelquefois, et souvent moins, qu'un poulet de ferme
bien gras et bien nourri. Le faisan est un oiseau destiné à
vivre dans les forêts inextricables, à l'état libre. En le domes-
tiquant, on en a fait un oiseau de parade à l'égal du paon, on
a modifié complètement ses habitudes, et quand on le chasse
dans les réserves, il n'a plus aucune des allures de son congé-
nère affranchi de l'élevage en même temps que de la garde
du faisandier; il trouve la provende de scarabées, d'araignées,
d'œufs de fourmis sous son bec, et rassasié trop vite, il dédaigne cette table toujours abondamment servie et que l'on approche de lui sans qu'il ait un pas à faire pour s'y rendre.
C'est un dégénéré, et l'on a beau choisir la race des reproducteurs, ce gibier de boîte, puis de volière, s'il n'est pas, au
sens exact du mot, un gibier de basse-cour, comme on l'a
dit, subit toujours les influences de son éducation. Il sent, il
sait peut-être qu'il y a une différence entre lui et le gibier
vraiment naturel; s'il a par instinct quelque souvenir de ses
lointaines origines et de ces pays d'Asie où naquirent ses

aïeux, il doit se dire qu'il n'est en définitive pour nous qu'un gibier exotique artificiel, et qu'il a besoin de protection. Cela est tellement vrai que, lorsqu'il lui arrive de revenir à la vie sauvage, il est d'abord tout désorienté et doit faire une sorte d'apprentissage de sa liberté. Il ignore les ennemis contre lesquels il devra défendre sa vie, les endroits où il devra chercher sa nourriture, et il est tellement malheureux que, s'il en a l'occasion, il s'empressera de revenir dans l'enclos, comme le serin, dont on a laissé la cage ouverte, y retourne, après avoir, humide et grelottant, tenté une excursion en plein air.

Cependant les conditions aujourd'hui généralement adoptées rendent l'élevage du faisan indispensable. En effet, ce n'est pas tout de chasser, il faut encore, à la fin de chaque saison, préparer la prochaine et combler les vides faits par le fusil, le renard, la pépie, l'oiseau de proie et la maladie. Le faisan ne vit d'ailleurs que six ou sept ans et il ne multiplie pas abondamment. Des gardes expérimentés assurent que des poules faisanes enfermées dans un parquet où elles sont en grand nombre ne produisent pas plus de vingt-cinq œufs par saison. Le froid et le temps sec, tous deux nuisibles à l'éclosion, font qu'il n'en arrive guère à bien que la moitié et lorsque le fusil du chasseur peut compter sur un tiers de réussite, c'est une belle proportion.

L'élevage des faisans est une véritable science qui réclame beaucoup de soins dans l'application. Avant tout, il faut s'occuper de l'installation des reproducteurs, de la construction des volières, qui doivent être à l'abri de l'humidité, car celle-ci entraîne toute sorte d'accidents, par exemple la déformation des pattes, la goutte et les paralysies. Les faisans

Le chant du soir.

sont parqués, et les établissements où on les retient s'appellent pour cette raison des « parquets ». Il y en a de *volants*
et de *fixes*. Les premiers peuvent se transporter partout. La

construction en est simple : quatre châssis en tasseaux ou lattes carrées surmontées d'un toit dont les arêtes sont en tringles fortes; c'est toute la charpente. Les quatre panneaux des châssis se ferment avec du grillage métallique ou de simples lattes. Le pourtour du parquet doit être garni de planches ou de paillassons pour que les élèves puissent toujours avoir un abri contre les rayons d'un soleil trop ardent. Le toit est tout simplement garni d'un filet. Un parquet mesurant trois mètres de largeur sur six ou huit mètres de longueur suffit pour une vingtaine de faisandeaux. Au pied de chaque parquet un toit, en planches goudronnées ou recouvertes de papier bitumé, abrite un espace d'un mètre cinquante centimètres environ de profondeur sur toute la largeur de la clôture. C'est sous cette sorte de hangar que se place le cabanon de la poule. Sous ce toit on répand du sable et l'on dispose des perchoirs. On en met également en divers endroits du parquet pour permettre au faisan de brancher. On plante aussi çà et là quelques arbres verts, on sème quelques poignées de seigle, de sarrasin, et on laisse pousser librement les mauvaises herbes et les chardons pendant tout l'hiver. Tout cela forme pêle-mêle une petite forêt vierge qui fournit à discrétion aux élèves de la verdure dans laquelle ils font la chasse aux insectes. Il suffit de laisser libre une certaine partie du parquet sur laquelle on répand du sable comme sous le hangar, pour qu'ils puissent se poudrer à l'aise, aussi bien au soleil qu'à l'ombre (1).

(1) *La Chasse pratique*, par Ernest Bellecroix. Librairie Firmin-Didot et Cᵢᵉ. Voir aussi Leroy, l'*Aviculture*, Firmin-Didot et Cᵢᵉ, éditeurs.

On donne à couver à la poule des œufs recueillis dans la volière ou achetés. Au moment de l'éclosion, il faut de grandes précautions, car le faisandeau en naissant est délicat. Aussi se sert-on de la « boîte à élevage », qui est aujourd'hui très perfectionnée. Les œufs de fourmi sont la base de la nourriture pendant les premiers jours. Quelques faisandiers préparent, pour les remplacer, une pâtée d'insectes hachés menu, cloportes, mille-pattes, perce-oreilles, mouches, mais tout cela ne vaut pas l'œuf de fourmi, cette friandise.

À mesure que les faisandeaux grandissent, on leur donne plus d'espace, afin d'éviter qu'ils ne se piquent entre eux, car cette manie du *piquage*, qui augmente en même temps qu'ils prennent des forces, coûte chaque année la vie à un très grand nombre d'élèves enfermés dans des parquets trop étroits.

Il y a deux choses sur lesquelles on doit veiller : le chat, qui guette sa proie et la saisit à l'occasion, puis la croissance des ailes qui permet les évasions. Quand celles-ci deviennent possibles, on loge les faisandeaux en parquet *couvert*. C'est celui dont le toit est garni d'un filet à mailles assez larges mais ne laissant pas de passage à l'oiseau. Dès que les coquelets sont en pleine mue on peut mettre les élèves au bois ; ils sont maintenant assez forts pour vivre en liberté et l'époque est venue de charger la nature elle-même du soin d'achever l'œuvre commencée par l'homme. Mais le lâchage ne doit pas se faire inconsidérément. C'est au garde à préparer d'avance les places pour la mise au bois en recherchant les endroits favorables sans aller ailleurs qu'au centre de la propriété.

« Au milieu d'un taillis de six à huit ares, il fera choix d'un jeune chêne peu élevé et garni de quelques branches à six ou huit pieds du sol. Tout à l'entour de cet arbre dans un rayon d'une dizaine de mètres, plus ou moins, il enlèvera les cépées des basses branches, il dégarnira le terrain des grandes herbes, ronces et bruyères, après quoi, sur cette *place* ainsi nettoyée, il sèmera quelques poignées de sarrasin qui sortiront de terre, très vivaces, dès les premières pluies de septembre ou d'octobre. Autant il aura de compagnies de faisandeaux à lâcher, autant il préparera de places, car les élèves qui ont grandi ensemble s'éloigneront moins et se chercheront les uns les autres pendant les premiers jours.

« Quand tout est ainsi préparé, on choisit un beau jour ou plutôt une belle nuit (belle pour la saison s'entend) car ce n'est qu'après le coucher du soleil que doivent être lâchés les élèves, on les apporte au bois dans un panier soigneusement ouvert; on prend à la main chacun des faisandeaux et on les pose, les uns auprès des autres, sur de fortes branches ou sur des planches disposées à cet effet et assez élevées pour qu'ils n'aient pas à redouter les atteintes des renards contre lesquels, malgré des destructions opérées, il est toujours prudent de se tenir en garde. Malheureusement ce n'est qu'avec des élèves très familiers que cette manœuvre est facile.

« Cette opération ne réussit pas toujours. Quand les faisandeaux sont trop nombreux, ils sont presque toujours trop farouches pour accepter ainsi le concours du garde et leur premier soin, dès qu'ils sont branchés est de sauter à terre. Mais si la nuit est sombre, ils ne s'éloignent que de quelques pas.

« Il va sans dire qu'on a pris soin de répandre sur les places préparées dans l'enceinte où vos élèves seront lâchés de copieuses provisions de graines

Hésitation.

dont ils se montrent le plus friands; il faut qu'ils trouvent leur table servie dès leur réveil et qu'ils puissent réparer par un déjeûner où rien ne manque les émotions de leur première nuit de liberté. Une terrine d'eau sur chaque place est donc nécessaire. Si les places peuvent être choisies dans le voisinage d'une mare, la chose est au mieux, car autrement il faut avoir grand soin d'entretenir les plats toujours approvisionnés, ce qui n'est pas toujours facile.

« Voilà nos faisandeaux au bois et l'œuvre de l'éleveur achevée. C'est au chasseur à faire le reste (1). »

Les races de faisans sont nombreuses : faisan commun, faisan de Bohême, faisan de l'Inde, faisan de Mongolie, faisan doré, faisan argenté, faisan vénéré, versicolore, etc. Les plus propres à l'acclimation sont les quatre premières. Le faisan commun, qui est connu de tout le monde, est celui que l'on chasse le plus ordinairement, mais le faisan de Bohême, appelé aussi faisan à collier, donne de meilleurs résultats au point de vue du repeuplement. Il se distingue du précédent par ce large collier blanc autour du cou qui lui a valu son nom, par la queue qui est un peu plus longue, par l'éclat de ses plumes. Le faisan de l'Inde, de même taille que le faisan commun et le faisan de Bohême, est un bel oiseau, dont les couleurs claires ont beaucoup de brillant, mais il n'a pas répondu jusqu'ici aux soins de l'éleveur. Le faisan de Mongolie est plus petit que les faisans de Bohême et de l'Inde, mais il est d'une grande fécondité, et aucun autre ne

____

(1) Ernest Bellecroix, la *Chasse pratique*, Firmin-Didot et Cie, éditeurs.

réunit à un plus haut degré les qualités diverses qu'on doit rechercher dans ce gibier.

Le faisan doré vient de Chine. Il n'y a pas plus de cent cinquante ans qu'il a été importé chez nous et il n'a pas encore perdu ses instincts de sauvagerie ; aussi ne peut-on jusqu'ici l'acclimater assez pour en peupler les chasses même les mieux surveillées. Il ne se garde généralement qu'en volière, et encore faut-il avoir l'œil sur lui. Sa magnificence est proverbiale. Toutes ses couleurs sont d'un éclat remarquable : le jaune de la tête, l'orange vif du cou avec ses raies noires transversales, le vert doré de la nuque, le rouge ponceau de la queue, l'écarlate du dessus du corps, le bleu foncé du scapulaire, le jaune clair des pieds et du bec forment un ensemble magique.

Le faisan argenté est proche parent du faisan doré. Tous deux sont originaires du Céleste Empire. Ses deux couleurs, tranchées autant que la nuit et le jour, blanc et noir, ont des reflets nacrés. Il est aussi élégant que somptueux, aussi brillant que noble. On pourrait l'apprivoiser facilement, mais on s'en abstient et il demeure un oiseau de luxe au lieu d'être un gibier, parce que, si on le lâchait dans le bois, il y serait vite la proie du renard et de ses autres ennemis auxquels son éclatante blancheur ne tarderait pas à le signaler.

Le faisan vénéré n'est pas aussi beau que le faisan doré et le faisan argenté, mais ses trois couleurs, jaune, blanc et noir, distribuées avec une admirable harmonie, sa queue d'un jaune pâle, avec chevrons alternativement blancs et noirs, lui donnent une indéniable splendeur. De toutes les espèces que nous a fournies la Chine, il est le plus susceptible de reproduction et de mise au bois. Quant au versicolore, importé du Japon, et se rapprochant du faisan commun, mais plus petit, il est sauvage, et on ne parviendra sans doute à l'acclimater qu'à la longue. On le reconnaît à ses couleurs où domine le vert, avec des reflets violets au cou, bruns au dos; il est actuellement en France plus rare que les autres espèces.

On chasse le faisan au chien d'arrêt et en battue, ou plutôt il n'y a qu'une seule manière de le tirer, la première, l'autre étant réservée aux podagres qui ont besoin de se reposer à chaque quart d'heure. Il est de règle de ne pas tirer les poules, et les rabatteurs bien dressés en préviennent les chasseurs en poussant, à chaque fois qu'ils en font lever une, le cri prohibitif : *Poule! poule!* mais beaucoup de membres d'une société qui chassent ensemble font la sourde oreille à cet avertissement : *Pif, paf... pan, pan, pan,* la faisane est pelotée. Apporte, Hopp! Et le gibier disparaît dans le carnier. C'est une espèce de braconnage sous prétexte de permis délivré par les autorités. Tuer les poules faisanes, qu'est-ce en définitive autre chose que travailler à l'extinction de la race? Un chasseur honnête et prévoyant agit tout différemment. Il respecte la mère pour favoriser la production des petits, et il n'oublie pas qu'il faut laisser au garde le moyen de reprendre les poules après l'ouverture des bois, si cette précaution a été négligée avant le premier massacre. Rien n'est au reste plus facile que cette capture, amusante à voir. On dispose aux endroits où se fait habituellement l'agrainage et où les faisans ont l'habitude de venir

prendre leur repas, un grand panier d'osier que l'on incline
sur un bâtonnet reposant lui-même sur un quart de coin.
Sur le piège ainsi ouvert, on jette du grain. Le faisan gour-
mand y vient picorer, met la patte sur le quart de coin, fait
basculer le bâtonnet, et se trouve pris. Si c'est un coq, on le

Reprise des poules.

lâche, si c'est une poule, on la garde. Quelques vieux faisans
se défient de l'engin, mais la gourmandise finit par l'emporter sur la prudence.

Certains gardes croient bien faire en arrachant au faisandeau, avant de le lâcher dans le bois, tout un paquet des
grandes plumes d'une aile. Ils trouvent cette pratique bonne
pour les empêcher de quitter le canton d'un seul vol. C'est
une erreur. Ils ne font en réalité qu'ôter à l'oiseau le moyen

d'échapper aux rapaces. Ajoutez que le renard qui suit les faisandeaux de l'œil et guette l'occasion de les saisir, s'aperçoit vite de la faiblesse de leur aile. Une fois sûr de son affaire, il a tant de tours dans son sac qu'il savoure d'avance cette chair excellente qui viendra quelque jour sous sa dent, car il ne quitte plus ce que le garde lui a complaisamment et naïvement préparé pour butin. On en a des exemples fréquents.

— Je suivais, me raconta un jour un compagnon de chasse, un sentier traversant une riche plaine encadrée de bois giboyeux. Tout à coup, à deux portées de fusil, une dizaine de faisandeaux s'enlèvent au-dessus d'une pièce de blé et, près de leur mère, vont s'abattre à cent mètres plus loin sur la lisière d'un taillis de l'année. Un instant après, parvenu moi-même sur le bord du fossé qui sépare la forêt de la plaine, j'aperçus un beau renard, nez et panache au vent, qui sortant en tapinois du couvert où il avait jeté le trouble, disparut bien vite dans le taillis. Me doutant de ce qui allait se passer, je hâtai le pas, ouvrant l'œil et l'oreille, mais j'arrivai trop tard. Toute la compagnie qui avait gagné la limite d'un grand bois se leva de nouveau, et j'eus le temps d'entrevoir, au travers des maigres cépées, le brigand s'enfuir emportant une victime.

Le renard est avec la belette, en attendant le chasseur, le grand destructeur des faisandeaux lâchés avant l'ouverture de la chasse. Ce braconnier, dont La Fontaine nous a si bien décrit les ruses ingénieuses, ne tarit point de ressources pour arriver à ses fins, et les requêtes savantes auxquels il se livre sont dignes d'un stratégiste consommé. Il me vient à ce propos une jolie fable à la mémoire ; elle est peu connue, et c'est pour cela que je la transcris ici. Elle peint bien le naturel de ce pillard aux airs doucereux, se glissant dans la faisanderie et dans le taillis et y faisant on sait quels ravages.

LE RENARD ET LE PAYSAN

Un vieux renard expert au métier de maraude,
Hypocrite madré ne vivant que de fraude,
Au retour du butin, nez à nez, par hasard,
Rencontre un paysan. — « Or ça, maître Renard,
Tu viens de me voler cette poule... » — « Elle est morte,
Et pour te le prouver, tu vois, je te l'apporte.
Je l'ai vue en passant se jeter dans l'étang ;
Ma pauvre sœur, hélas ! s'est noyée à l'instant,
J'ai voulu vainement la sauver à la nage :
Il est bien malheureux de mourir à cet âge ! »
Ce disant, il avait des larmes dans la voix ;
Il pleurait et sous cape il riait à la fois.
Gros-Jean se laissa prendre à la supercherie.
(Qui donc n'est pas dupé par la renarderie ?)
« Voisin, dit le Normand, je me suis amendé :
Ce matin même au prône on m'a recommandé,
Je vivrai désormais de jeûne et d'abstinence,
Je veux finir mes jours en faisant pénitence.
Adieu la grasse chère et les plats succulents,
Les beaux raisins dorés et les fins ortolans !
Je renonce aux chapons du Mans et de la Bresse ;
De mes anciens méfaits tout haut je me confesse,
Et pour les expier j'irai dans un couvent. »
— « Compaing, dit le rural, écoute-moi : Souvent
J'ai tâché de trouver quelqu'un de sûr, d'honnête
Pour garder ma volaille et j'ai mis dans ma tête
De te donner ce poste. En veux-tu ? Marché fait !
Mais j'ai bon œil et poigne : à ton premier forfait

Tu mourras sans merci, j'en ferai mon affaire ».
Le renard lui répond : — « Tope ! laisse-moi faire,
Je serai bon gardien, je t'en fais le serment ».
Il le fut en effet et fort diligemment.
Lorsque le paysan, au bout de la semaine,
Vint voir son poulailler, il trouva maison pleine.
Pas le moindre poussin ne manquait à l'appel.
Jamais beau dévouement ne fut plus paternel...
Mais tout avait péri dans la faisanderie :
— « Ah ! scélérat, c'est toi ! » Le renard se récrie :
— « Moi ! Quitte ce soupçon. Comme je travaillais
Et tandis qu'avec zèle ici je surveillais,
On te pillait ailleurs. Je n'avais point la garde
De tes faisans. Le poulailler seul me regarde ».
Ce discours ne plût point. — « J'admire ton aplomb,
Dit Gros-Jean, mais voici ma réponse : du plomb ! »

Gare aux fourbes ! Ils ont leur sac plein de malices,
Et tous leurs airs benêts sont autant d'artifices (1).

Puisque nous en sommes aux citations, faisons encore celle-ci qui est du spirituel auteur de la *Physiologie du goût* et qui nous enseigne comment il faut accommoder le faisan, le servir et le manger.

« Le faisan, dit Brillat-Savarin, est une énigme dont le mot n'est révélé qu'aux adeptes; eux seuls peuvent le savourer dans toute sa beauté. Cet oiseau, quand il est mangé dans les trois jours qui suivent sa mort, n'a rien qui le distingue. Il n'est ni si délicat qu'une poularde, ni si parfumé qu'une caille. Pris à point, c'est une chair tendre, sublime et de haut goût, car elle tient à la fois de la volaille et de la venaison. Ce point si désirable, c'est celui où le faisan commence à se décomposer; alors son arôme se développe et se

(1) Ch. Simond, *Fables inédites.*

L'espoir de la saison.

joint à une huile qui, pour s'exalter avait besoin d'un peu
de fermentation, comme l'huile de café qu'on n'obtient que
par torréfaction. Ce moment se manifeste aux sens des pro-
fanes par une légère odeur et par le changement de couleur
du ventre de l'oiseau, mais les inspirés le devinent, par une
sorte d'instinct qui agit en plusieurs occasions, et qui fait
par exemple, qu'un rôtisseur habile décide au premier coup
d'œil qu'il faut retirer une volaille de la broche, ou la laisser
faire encore quelques tours.

« Quand le faisan est arrivé là, on le plume, et non plus tôt,
et on le pique avec soin en choisissant le lard le plus frais et
le plus ferme. Il n'est pas indifférent de ne pas plumer le
faisan trop tôt. Des expériences très bien faites ont appris
que ceux qui sont conservés dans la plume sont bien plus
parfumés que ceux sont restés longtemps nus, soit que le
contact de l'air neutralise quelques portions de l'arôme,
soit qu'une partie du suc destiné à nourrir les plumes soit
réservé et serve à relever la chair. L'oiseau ainsi préparé, il
s'agit de l'étoffer, ce qui se fait de la façon suivante : ayez
deux bécasses, désossez-les et videz les, de manière à en faire
deux lots, le premier de la chair et le second des entrailles
et du foie. Vous prenez la chair et vous en faites une farce
en la hachant avec de la moëlle de bœuf cuite à la vapeur,
un peu de lard râpé, sel, poivre et fines herbes et la quantité
de bonnes truffes suffisante pour remplir la capacité inté-
rieure du faisan. Vous aurez soin de fixer cette farce de telle
sorte. qu'elle ne se répande pas en dessous, ce qui arrive
quelquefois quand l'oiseau est un peu avancé. Cependant on

y parvient en taillant une croûte de pain qu'on attache avec un ruban de fil.

« Préparez une tranche de pain qui dépasse de cinq centimètres de chaque côté le faisan couché dans le sens de sa longueur, prenez alors les foies, les entrailles de bécasses et pilez-les avec deux grosses truffes, un anchois, un peu de lard râpé et un morceau de beurre bien frais. Vous étendez avec égalité cette pâte sur la rôtie, et vous la placez sur le faisan préparé comme dessus, de manière à être arrosée en outre par le jus qui en découle pendant qu'il rôtit. Quand le faisan est cuit, servez-le couché avec grâce sur sa rôtie, assaisonnez-le d'orange avant et attendez l'événement.

« Ce mets de haute saveur doit être arrosé par préférence de vin du crû de la Haute Bourgogne... Un faisan ainsi préparé serait servi à des anges s'ils voyageaient encore sur terre, comme au temps de Loth. »

CHAPITRE VIII

LA BECASSE. — LE TÉTRAS.
— LA GROUSE. — LA GÉ-
LINOTTE. — LES PASSE-
REAUX.

La première bécasse.

Salut, trois fois salut ! dame aux sombres couleurs,
Messagère automnale à la robe frileuse !
Toi qui crains les grands froids, et les grandes chaleurs,
D'où viens-tu ? Réponds-moi, nocturne voyageuse.

Elle vient, la dame au long bec, comme on l'appelle... elle
vient, au vrai, on ne sait d'où. Buffon et quelques autres de

ses historiographes la font partir de toutes les montagnes qui sont nos frontières à l'est et au sud, du Jura, des Alpes, de la Suisse, de la Savoie, des Pyrénées.

— Vous n'y êtes point, interrompt un connaisseur en ornithologie, elles sont originaires des régions glaciales, du Groënland et de l'Islande.

M. A. de la Rue, dont la compétence fait autorité, affirme au contraire ceci :

« C'est un oiseau fort extraordinaire qu'on trouve dans tous les pays du monde, dans l'ancien continent comme dans le nouveau, en Sibérie comme au Sénégal. Pour ma faible part, je l'ai chassé en France, en Suisse, en Allemagne, en Russie, en Danemark, en Espagne, dans les Balkans de la Turquie d'Europe et sur la côte d'Asie, dans la forêt d'Alemdahr. Partout, j'ai trouvé le même oiseau que chez nous, sans variété dans le plumage; partout ailleurs qu'en France, les bécasses que j'ai tuées étaient plus ou moins maigres. Il m'en fallait deux pour en manger une. Il n'y a que dans nos forêts que j'en ai rencontré de grasses, à l'époque du passage d'automne. La France a toujours été le pays de prédilection de tous les gibiers de passage. »

Voici une quatrième opinion :

« Nous pensons, dit M. Charles Diguet, que la bécasse nous arrive par mer. N'est-ce pas en effet sur le littoral que l'on voit les premières à l'époque de la migration? Elle aborde nos côtes avant de se disséminer dans l'intérieur des terres. Un habitant de Belle-Ile-en-Mer nous a certifié qu'il lui était fréquemment arrivé d'en prendre à la main, telle-

ment elles étaient épuisées après la traversée. Des marins
ont également affirmé avoir vu, par des nuits claires, des bécasses se diri-
geant vers les cô-
tes : elles ne s'é-
levaient pas à
plus de trois mè-

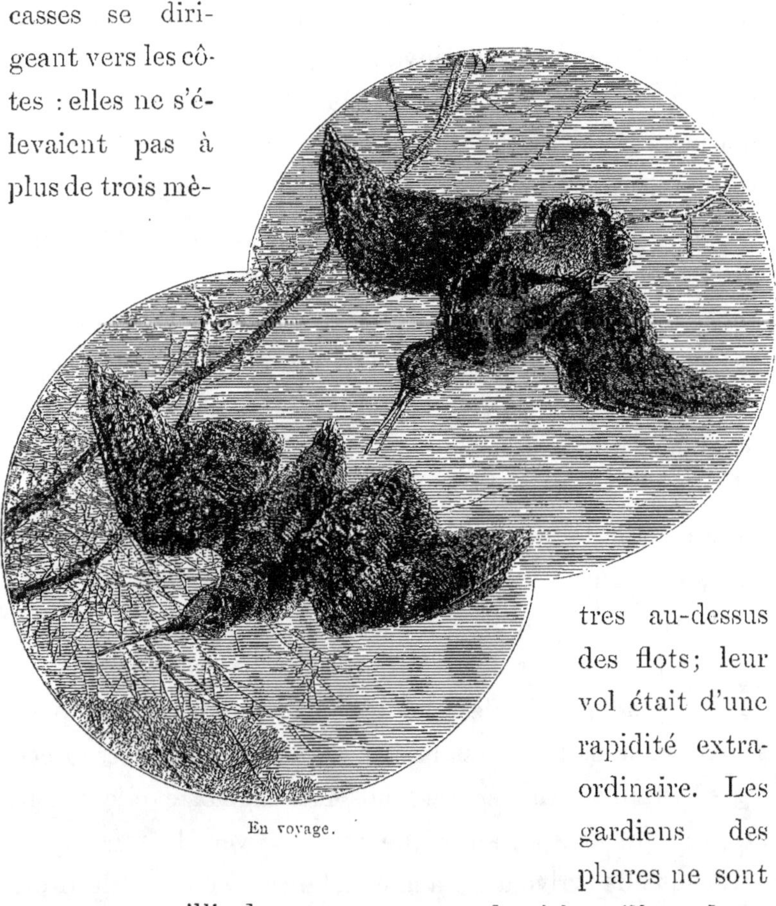

En voyage.

tres au-dessus
des flots; leur
vol était d'une
rapidité extra-
ordinaire. Les
gardiens des
phares ne sont
pas sans recueillir de temps en temps des échantillons de ce
succulent volatile qui leur tombe du ciel comme la manne
aux Hébreux. M. Magaud d'Aubusson dit qu'il a vu, à Ar-
cachon, la galerie de feu du cap Ferret jonchée de cadavres
de ces imprudentes voyageuses. Dans la Seine-Inférieure on

nomme *sudette* la plus grosse, parce qu'on a observé qu'elle arrive par les vents du sud-est, et *nordette* la plus petite qui ne vient que par les vents du nord-est. Donc les vents du sud-est et du nord-est, suivant le point où l'on se trouve, nous amènent les bécasses. Elles choisissent le vent de nord-est pour irradier vers les départements du Centre. A l'automne, on a pu constater de sérieux passages par vent du sud, mais ces passages ne sont, à proprement parler, que des stationnements (1). »

Entre tant d'opinions différentes il est difficile de décider, et le mieux est d'admettre qu'elles ont toutes raison ; mais on ne se trompe pas en disant qu'il y a cinquante ans, les bécasses étaient plus abondantes dans nos régions alpestres et py- rénéennes que partout ailleurs en France. Aujourd'hui on les chasse en Bretagne, en Vendée, dans le Bocage, dans le Cal- vados et l'Eure, mais aussi dans la Picardie, les Vosges, la Bourgogne, le Dauphiné, les Basses-Pyrénées.

Quand la rigueur des frimas lui ferme ses couverts et ses gagnages favoris, elle descend des hauteurs, des plateaux pour se remiser dans les terres basses, se répandre dans les forêts, dans les taillis, dans les bas-fonds marécageux, et elle y reste jusqu'au printemps ; alors elle remonte vers la montagne.

Lorsqu'elle arrive ainsi à une distance où on peut la tirer, elle offre au chasseur un plaisir auquel vous le déciderez dif- ficilement à renoncer, car il est peu de péripéties de la chasse qui lui soient aussi agréables. Pour en augmenter encore l'attrait on attache au cou du chien, chargé de la faire le-

(1) CHARLES DIGUET, *la Chasse en France.*

ver, un grelot. On sait de cette manière où il est sans qu'il soit obligé de donner de la voix et on le suit de confiance surtout quand il est sage, et comment ne le serait-il point, ne l'eût-il pas été surtout autrefois quand on choisissait toujours pour cette tâche un excellent épagneul du pays ? Lorsque l'on n'entendait plus le grelot, c'était signe que Médor tenait la dame en arrêt. Aussitôt on épaulait le fusil et l'on ouvrait l'œil. *Pan... pan...* la bécasse partait, mais souvent de loin avec légèreté.

La tirer n'est pas facile. Il faut la prendre au premier vol, pendant qu'elle monte, mais après le second, c'est peine inutile. Dans les hautes pâtures et les taillis on ne l'abat qu'à la condition d'être très expert.

Quand le couvert consiste en futaies d'une belle venue, dans lesquelles on a fait peu de coupes, avec des broussailles et des ronces au pied des arbres, il importe en avançant sur l'oiseau de faire le moins de bruit possible et par conséquent d'avoir un épagneul absolument muet, qui cherche attentivement partout. Si l'on observe ces précautions, et si l'on a soin d'emboîter le pas au chien, tout en le tenant sous le commandement, on a beaucoup de chances de faire quelque belle prise, mais il faut être leste, ne pas s'amuser à viser, car la bécasse n'attendra certainement pas que vous ayez choisi le bon endroit où elle couche.

« Je connais, dit encore A. de la Rue (on ne saurait trop laisser parler ses grands auteurs) quatre manières de chasser à tir la bécasse : au chien d'arrêt, en battue, à l'affût et avec des bassets ou des cockers. La chasse au chien d'arrêt est très laborieuse ; il faut du jarret, une grande justesse de tir et un chien sage muni d'un grelot, quêtant de près et rapportant bien. A ces conditions, le chasseur doit ajouter une connaissance parfaite des contrées qu'affectionnent les bécasses, en tenant compte des variations de l'atmosphère, car ces oiseaux changent de contrée suivant la température. L'amateur qui rapporte à la fin de la journée trois ou quatre de ces nymphes des bois au long bec, comme les appellent les Espagnols, se considère comme très heureux ; le Président de la République n'est pas son oncle. Dans les chasses en battue, après la chute des feuilles, on rencontre habituellement quelques bécasses ; dans ce cas, il faut s'en approcher à petits pas pour être plus sûr de les lever ; quant au chasseur à l'affût, nous sommes ici en trop bonne compagnie pour l'y introduire et je demande la permission de m'abstenir d'en parler. »

Ce chasseur à l'affût n'est en effet ni plus ni moins qu'un assassin, qui attend les bécasses au crépuscule dans les clairières, profite de l'instant où tout entières à la joie de la ponte, elles échangent de doux propos, s'envolent, inconscientes du danger et ne se doutent pas que, là derrière cet arbre qu'elles croient sans danger, un meurtrier les guette, fusil au poing, et s'apprête à les tuer comme un bandit tuerait.

La bécasse a le vol si lourd qu'elle semble souvent se raser ; elle court avec une grande vitesse dans les sillons, les haies et les rangées de jeunes arbres. Dans ce dernier cas, le chasseur doit précéder le rabatteur ou aller se poster en avant et attendre là que l'oiseau se lève. Mais la tâche du rabatteur exige beaucoup de circonspection, car la bécasse est timide et lorsqu'elle est effarouchée ou mise en éveil, elle détale avant l'approche et alors il ne faut plus songer à la tirer. Aussi les rabatteurs ne doivent-ils parler sous aucun prétexte : leur devoir est de redoubler de prudence, d'avancer à pas étouffés. Ils sont armés de bâtons, fouillent le terrain, en battant les racines et les broussailles dans les endroits suspects et se contentent de lancer un seul cri : « Attention ! » quand l'oiseau part dans la direction du chasseur. Si le coq fuit au contraire du côté où le plomb ne peut l'atteindre, il vaut mieux le laisser échapper en ayant l'air de ne pas l'avoir vu : la bécasse se laisse tromper à ce manège, elle devient plus confiante et elle arrive assez près pour permettre de la tirer. Quand on fait ainsi la battue en bordures, il n'est rien qui égale la beauté du tir.

Chose étrange, les meilleurs chiens ont une antipathie inexplicable pour la bécasse et, lorsqu'elle est abattue, ne vont la ramasser qu'avec une visible répugnance. En beaucoup de cas le chasseur fera bien d'y aller lui-même, surtout quand le gibier, quoique tué, est perdu ; il arrive aussi que ce dernier reste suspendu dans les branches de l'arbre en tombant, et, si après l'avoir peloté, on ne l'aperçoit pas tout de suite, il est bon d'explorer avec le plus grand soin tous les alentours.

Je me rappelle une circonstance de ce genre. J'avais avec moi deux rabatteurs. Il y avait une heure qu'ils cherchaient vainement un coq que j'étais parfaitement certain d'avoir tiré. Nous allions en faire notre deuil quand je l'aperçus pen-

dant accroché à une branche de sapin, à plusieurs pieds au-
dessus du sol et à cinq ou six pas de l'endroit où je me disais qu'il devait être.

Dans les fourrés épais, il faut prendre garde à son fusil
en avançant en battue, car les accidents sont fréquents. Un
chasseur novice devra toujours se rappeler cette recommandation et s'accoutumer à baisser le canon de son arme en
marchant ou à la porter de manière à empêcher le coup de
partir tout seul. Les chasseurs expérimentés n'ont pas besoin d'être avertis à ce sujet. Ils se tiennent en lignes, et ne
dirigent jamais la bouche de leur fusil sur un voisin; mais
les débutants courent de tous côtés, comme s'ils jouaient
à colin-maillard.

Je vois encore deux de mes jeunes camarades, que leurs
parents m'avaient confiés et qui brûlaient d'impatience de
rencontrer leur première bécasse. Au lieu d'une dame au
long bec ce fut une couvée de perdreaux qui partit devant
eux. Et les voilà tous deux se lançant comme des pointers
fous. Leur course était si impétueuse que le plus jeune fit
un faux pas, culbuta et alla rouler le nez en terre. Son
fusil à deux coups plongea dans la terre molle et par miracle n'éclata point, au grand bonheur du maladroit qui aurait sans cela été infailliblement tué. Son compagnon ne
faisant pas attention à lui, avait lâché simultanément ses
deux charges de plomb avec tant de précipitation qu'il ne
fit pas tomber une seule plume des perdreaux, mais en revanche il abattit son chien. Celui qui avait fait une chute
malencontreuse s'était relevé, le nez tout ruisselant de sang.

En famille.

Et il fallait voir la mine ahurie de mes deux personnages. Ce résultat était prévu pour moi. Un commençant qui ne sait se modérer ne revient pas absolument bredouille, il rentre au logis avec son chien mort ou blessé.

Quelques vieux livres de chasse rapportent que, dans les bois, un rabatteur se poste en vigie sur un arbre et, ainsi perché, annonce par où l'oiseau a pris son vol. Cet usage est peu pratiqué de nos jours. Personnellement je n'en fus jamais témoin. En vallée il est bon qu'un observateur soit en surveillance sur une hauteur pour donner ces indications, mais un homme assez expert pour bien remplir ce rôle est peut-être plus difficile à découvrir que la bécasse elle-même.

Les bois et taillis sont souvent si étendus et si impénétrables qu'il est presque impossible d'y tirer la bécasse, et alors on ne peut l'atteindre que par une série de stratagèmes, qui sont dus exclusivement à l'initiative et à l'expérience particulières.

La bécasse quitte sa remise au crépuscule du soir et voyage la nuit. Elle entre dans les marécages herbeux où elle se croit sauve, se rend aux sources et cherche sa nourriture jusqu'au retour du jour. Juste avant l'aube, elle regagne son couvert et y passe toute la journée, mais avant d'y rentrer, elle ne néglige jamais de *faire sa toilette* et va visiter quelque marais ou ruisselet qui lui est bien connu et où elle se lave les pattes et le bec. Un chasseur accoutumé à chasser aux mêmes endroits profite de cette habitude de propreté de l'oiseau, s'assure du lieu où la bécasse va prendre régulièrement son bain du matin, le reconnaît à certaines traces bien distinctes et attend. La dame se présente, et tandis qu'elle fait ses ablutions, *paf! paf!* la mort la surprend.

Il faut les tirer à l'aile, pour paralyser leur vol; elles volent alors comme des chauves-souris en tournoyant et revenant. Un second coup les abat.

La bécasse fait son nid à terre, sans art. Elle y dépose quatre ou cinq œufs oblongs de couleur rougeâtre avec des reflets blancs. Ces œufs ont à peu près la grosseur de ceux du pigeon. Quand les petits en sortent, ils crient comme de jeunes râles.

Il y a plusieurs espèces de bécasses en France et quelques-unes sont mêmes très belles, mais celles-ci se rencontrent rarement. Les empailleurs et naturalistes en font le plus grand cas. Celles que l'on trouve plus communément sont la *bécasse ordinaire,* qui est la plus répandue, la *grosse bécasse,* que l'on appelle en Vendée *buissonnière,* et qui est plus foncée que la première, la *bécasse blanche,* reconnaissable à sa couleur : elle a le bec et les pattes jaunes; la *bécasse rousse,* d'une couleur rouge délavée sur fond rouge; la *bécasse isabelle,* jaune clair; la *bécasse à tête rousse,* au corps blanchâtre avec des ailes brunes et la tête rougeâtre; la *bécasse aux ailes blanches,* que l'on distingue, comme le dit son nom, à ses ailes. Toutes ont des yeux d'une remarquable finesse et la vue perçante.

« Il y a quelques années, raconte un chasseur d'élite qui est en même temps un artiste admirable, je dirigeais une battue dans le parc de C... J'étais resté tout à fait en arrière, suivant de l'œil la marche de nos amis qui de leur côté suivaient celle des rabatteurs, comme on fait parfois pour certaines battues commencées en pointes. A chaque instant les cris biens connus : « Au coq! Coq! Lapin! lapin! » parvenaient à mon oreille, quand j'aperçus droit sur moi et silencieuse une grosse bécasse qui vint se poser à dix pas du hêtre derrière lequel j'étais caché. Aussitôt à terre, elle se rasa au pied d'une cépée et resta immobile. L'idée de la tirer, je l'avoue, ne me vint point, pas plus que celle de la faire lever; elle était trop près et je la voyais en plein découvert... C'est d'ailleurs involontairement pour ainsi dire que je demeurai moi-même sans mouvement. Au bout d'un moment je la vis se dresser sur ses pattes et secouer son plumage sombre; mais aux cris des traqueurs, qui à ce moment redoublèrent, elle s'aplatit de nouveau sur le sol où je ne vis plus que son œil noir, avec un point lumineux qui brillait. Cependant, bientôt rassurée, elle se leva de nouveau et fit quelques pas sur le gaulis, tournant la tête de tous côtés et toujours manifestant un reste d'inquiétude chaque fois que retentissaient au loin les clameurs des traqueurs. Enfin, ayant sans doute banni cette alarme, elle descendit vivement dans un large fossé d'assainissement au fond duquel s'étalait un tapis de feuilles mortes et elle se mit aussitôt à y promener son bec comme aurait fait le soc d'une charrue; je la vis ainsi fouiller et picorer pendant quatre ou cinq minutes, peut-être davantage, prenant une feuille morte dans son bec, l'élevant et la reposant à terre, la retournant pour voir si quelque limace ou quelque larve n'y était point attachée, et quand cela arrivait, piquant la bête d'un coup sec, comme eût fait une poule ou un faisan. Ce n'est pas la seule occasion que j'aie eue d'observer ainsi une bécasse, mais c'est la seule fois que j'ai eu le bon sens d'en profiter. »

La bécasse est, comme la perdrix, comme le faisan, un mets délicieux ; mais, pour la manger, il faut deux choses que n'a pas tout le monde : un parfait cuisinier et un palais de gourmet non moins parfait; sans cela il vous sera difficile de distinguer une vraie bécasse de fine table d'une vulgaire buissonnière de gargotte. Tout d'abord il n'y a de bécasse digne d'être mangée par un roi de la table que celle qui est blanche de graisse, et alors c'est, suivant une expression pittoresque, un diamant de la plus belle eau. Ce mets de haut titre ne doit se servir que rôti dans une carcasse de lard. Le salmis dont on parle tant ne convient qu'aux bécasses médiocrement en chair.

Le faisan et la bécasse sont à tous égards, pour le chasseur, le gibier de plumes par excellence au nombre des espèces sauvagines, mais il est loin de dédaigner les autres, et à l'occasion il pelotera un coq de bruyère, un coq de bouleaux, une gelinotte ou une grive. Le *coq de bruyère* tout particulièrement est un beau coup à donner au chien d'arrêt. On connaît cet oiseau, un des plus sauvages que nous ayons en France et aussi l'un des plus pesants, puisque son poids atteint jusqu'à huit ou dix livres. Son plumage brun moiré, sa poitrine vert foncé à reflets métalliques, son cou noir brunâtre, son bec recourbé jaune d'ivoire, sa queue noire marquée de blanc, son œil vif plaqué d'incarnat, surtout sa barbiche, se distinguent d'une manière si caractéristique qu'il suffit de le voir une fois pour ne plus l'oublier. On l'appelle aussi le *grand tétras;* les Allemands lui donnent le nom d'*auerhahn,* les Anglais celui de *woodgrouse.* Chez les Écossais, c'est un *capercailzie,* et pour les naturalistes et les savants un *tetrao urogallus.* Chez nous, il ne se trouve guère que dans nos montagnes d'où il ne descend point, dans les Ardennes, le Jura, les Alpes, les Pyrénées et dans ces hauteurs boisées couvertes de grands pins que les Vosgiens nomment des « chaumes ». Il est plus répandu dans certaines régions de l'Allemagne, en Russie, en Bohême, en Hongrie, et on le rencontre assez fréquemment en Écosse. On le chasse au chien d'arrêt comme la bécasse. Son fumet est très fort, le chien l'évente de loin. Il quête peu, mais ne tient pas toujours, surtout si le temps est calme. Les jours de grand vent sont ceux où on l'approche le plus facilement. Lorsque le temps est sec, on a plus de chance de le trouver à terre. Si le bois est mouillé, il est ordinairement branché. En toute occurrence il est nécessaire, pour ne pas le manquer, de prendre le vent, de marcher sans bruit et d'examiner attentivement les arbres, parce qu'étant rusé, il laisse passer le chasseur au-dessous de lui. En temps de pluie, il part en compagnie; en temps clair, au contraire, il s'enlève isolément. Au début, son vol est lourd, mais une fois lancé, il file, le cou tendu, avec une extrême rapidité.

On a essayé de propager le coq de bruyère dans nos grandes forêts nationales où il existait, il y a des siècles, puisque les Romains qui écrivirent sur la Gaule le décrivent exactement;

mais on a échoué dans cette tentative. On a eu beau faire couver des œufs de tétras par des poules ordinaires et ces couveuses ont eu beau faire diligemment leur devoir, les poussins sont morts au bout de quelques jours, et morts volontairement de faim; ils refusaient toute nourriture. La chair du grand coq de bruyère ne répond au reste pas à la beauté de son plumage : elle est noire, sèche, lourde, peu agréable; le seul moyen d'en tirer parti, c'est d'en faire une galantine.

Le petit tétras est plus délicat au goût et l'on peut lui faire les honneurs de la broche, en ayant soin de l'envelopper d'une chemise de lard pour le servir avec un jus de citron. Il est gros comme un faisan et moins rare que le grand tétras. Les deux espèces ne diffèrent toutefois que par le volume et par la conformation de la queue. On trouve le petit tétras dans nos Ardennes et nos Alpes Dauphinoises. Il habite également avec le grand coq de bruyère nos montagnes jurassiennes, et on pourrait, mais non sans peine, l'acclimater, ce qui ne veut pas dire l'apprivoiser. Dans certaines contrées, en Belgique, en Suisse, en Danemark, on lui crée une patrie d'élection, en le protégeant contre la destruction. Il en est de même en Écosse où la grouse est l'objet d'une sollicitude cynégétique qui ne se dément point depuis des centaines d'années.

Le petit tétras à queue fourchue (*tetrao tetrix*), est le *black-cock, black-grouse* des Anglais, le *birkhahn, birkhuhn* des Allemands. Tant que les coqs de bouleaux sont jeunes, ils vivent avec leur mère, comme les perdreaux, et comme eux, même davantage s'il est possible, ils sont veillés avec une véritable tendresse. La poule tétras, comme la poule perdrix,

Un manteau de tétras.

expose bravement sa vie pour sauver sa couvée : dès que le
moindre danger la menace, elle part en se traînant, s'éloi-

gne, mais au premier obstacle, elle change de direction, un vol tournant la ramène vite aux environs de l'endroit où ses petits sont restés blottis et pendant que le chasseur cherche en avant, elle les rallie à la hâte et détale avec eux. Quand est venue l'époque de l'ouverture, les jeunes tétras ont acquis de la taille et une vigueur suffisante pour exciter la convoitise du véritable chasseur, mais il faut qu'il ne baguenaude point, car dès qu'ils ont revêtu le plumage de l'adulte, dès les premiers froids, ce n'est plus que par exception qu'on a l'occasion de les abattre. Toutes les familles d'oiseaux d'un même canton, disséminées jusque-là dans le bois où pousse la myrtille, se réunissent en bandes et deviennent inabordables. Il n'y a plus à songer à les tirer en battue.

La *gelinotte,* que nous appelons aussi, suivant les régions, poule des bois, poule sauvage, poule des coudriers, et que les Allemands nomment *hazelhahn, hazelhuhn,* les Écossais *redgrouse,* était encore abondante en France, il y a un siècle. On la trouvait jusqu'en Normandie, et elle paraissait souvent sur les tables de nos grands-pères; maintenant elle nous fuit peu à peu et dans les Ardennes, les Vosges, le Jura, où elle s'était réfugiée, mais où on ne pratique pas envers elle les lois de l'hospitalité, chaque bûcheron ou paysan étant braconnier, elle devient de plus en plus clairsemée. Elle a déjà presque émigré complètement de ces hauteurs de l'est, pour chercher de nouvelles demeures dans nos départements de la Meuse, de la Marne et de la Saône, mais là encore elle ne se montre que par unités. La vraie raison en est que c'est une espèce très sauvage et par conséquent peu facile à propager.

Elle ne se plaît que dans les endroits accidentés, dans les fourrés, qu'elle quitte à la première alarme. On la chasse au chien d'arrêt de haut nez mais très calme, car elle piète beaucoup, prend aussitôt son vol, se dérobe dans un roncier et va se brancher dans un massif résineux où l'on a du mal à la découvrir.

La gelinotte est grosse comme une forte perdrix rouge. Elle pond une dizaine d'œufs à la fin d'avril. Son plumage est gris cendré, celui du mâle plus vif.

La chair de la gelinotte est exquise à la condition de la mortifier. Les Hongrois la considèrent comme un manger de roi et la placent sur le même rang que le faisan et la bécasse. On ne la sert que rôtie, piquée très dru, pas trop cuite, pas trop fraîche.

Un autre gibier plume d'espèce sylvaine, mais de bien plus petite taille, c'est la grive que Lucullus tenait en si grande estime et que plus d'un poète a chantée, quoique Buffon l'ait calomniée en l'appelant mélancolique, sombre et taciturne. Taciturne ! la grive, qui du haut des grands arbres, soir et matin par ses cris joyeux nous annonce le printemps et qui se grise en mangeant le raisin doré de nos vignes ! Messagère ailée comme l'hirondelle, mais moins heureuse que celle-ci qu'on ne mange pas, elle rend de précieux services à l'agriculture en détruisant des quantités considérables de larves d'insectes dont elle est aussi gourmande que l'alouette, la bécasse et la caille, ce fléau des sauterelles. Ces mérites ne la sauvent pas. Non seulement elle périt sous le plomb du chasseur, mais elle est victime de la barbarie administrative, aussi inintelligente que cruelle, qui permet de prendre les grives à la tenderie et les livre par milliers à la mort. Dès la Toussaint, tout n'est pour elle qu'embûches meurtrières : ici le lacet, ailleurs le filet, ailleurs le braconnier. Et celui-ci en fait des hécatombes. Pauvre petite! dès les premières neiges, plus de pitié, plus d'abri. Quand elle approche des vergers, des haies, en quête de ces fruits rouges dont elle est si avide, malheur à l'imprudente!

Nous avons en France quatre espèces de grives : la *draine* ou *grive de gui,* la *litorne,* la *grive de vigne* ou *vendangeuse,* que quelques-uns appellent aussi la *grive chanteuse,* le *mauvis* qui porte également le nom de *rosette.* La draine et la litorne se chassent peu, parce que leur chair est coriace comme celle du corbeau. La première est indigène, la seconde nous vient du nord en novembre, voyage par bandes, et ne peut se tirer qu'en temps de neige. Le mauvis est, comme elle, originaire des régions septentrionales et migrateur. C'est le préféré des gourmets. Quant à la vendangeuse, elle est très française, et fait la noce dans nos pampres. La draine est la plus grosse de toutes et reconnaissable à ses mouchetures triangulaires; la litorne se distingue à son manteau gris ardoisé, à son plastron jaune orangé clair. La vendangeuse est criblée de taches ou *grivelée,* d'où son nom. Le mauvis, plus petit que les autres, a le dessus des ailes de couleur orangé-vif, ce qui l'a fait surnommer *grive rouge.*

On chasse — chasser n'est pas prendre à la tirasse — on chasse, dis-je, les grives au fusil de deux manières : dans les vignes devant soi, à bas bruit, ou bien le soir à l'affût quand elles rentrent au bois, gorgées de raisin, et viennent se coucher pour cuver leur ivresse. C'est la *chute aux grives*.

La grive.

Celles qui s'engraissent elles-mêmes sont les plus succulentes. Les anciens les gavaient dans des volières avec des figues broyées mêlées à de la farine, et les tenaient ainsi vingt jours en galère. La grive de

Lucullus était assurément moins bonne que notre vendan
geuse prise dans la vigne même. Si vous voulez manger un
vrai mets de Lucullus ou de Trimalcion, n'admettez à votre
table que la grive rôtie sur canapé. On la plume, on la refait
sans la vider, on la fait cuire à la broche, on la sert avec
rôtie dessous et on s'en lèche les lèvres.

Quelques chasseurs ne voient pas dans la grive un gibier
de plaine, mais plutôt un passereau comme le merle que le
proverbe lui a donné pour remplaçant en cas d'absence :
« Faute de grives, on mange des merles », bien entendu
quand on peut en tuer, car il n'est pas facile d'en tirer. Le
merle est en effet plus sauvage que la grive, il vit seul dans
les bois épais, quelquefois par couples, et il ne s'aventure
aux abords des endroits habités que lorsque la soif l'y
pousse : alors il vient boire à la fontaine, et, profitant de
l'occasion, il donne un coup d'œil dans nos jardins; s'il y
trouve pâture, insectes et vers, il lui arrivera d'y élire demeure.

Plus petit que le merle et la grive, plus succulent, s'il
faut en croire les anciens Romains, l'ortolan, dont le rat de
ville offrait les reliefs au rat des champs, abonde en Provence. Il mesure environ la même grandeur qu'une caille,
mais forme une boule de graisse. Il habite l'Europe et l'Asie
et se rattache à une famille appelée *emberizes*, qui comprend
trois espèces, dont les deux autres sont le *bruant des roseaux*
et la *citrinelle*. Les meilleurs ortolans viennent de l'île de
Chypre où on les engraisse pour la table.

Le *cul blanc* ou *motteux* est à la fois gibier passereau peuplant les plaines pierreuses, et gibier de rivière fréquentant les bords des cours d'eau ; il constitue ainsi la transition entre la chasse dont nous venons de parler, plaine et bois, et celle dont nous nous entretiendrons bientôt, en étudiant la sauvagine des marais. Grâce au motteux, il n'y a pour ainsi dire pas de fermeture absolue, puisqu'il permet de faire parler la poudre jusqu'au jour de l'ouverture, avec une simple interruption pendant le mois de juin. Encore arrive-t-il d'en rencontrer à cette époque quelque retardataire du premier passage ou avant-coureur du second.

Pas tout à fait aussi gros qu'un merle, le cul blanc est un échassier des plus gracieux. Il glisse ou semble glisser le long des grèves où il cherche sa nourriture, principalement des vermisseaux, et court légèrement sur les feuilles des nénuphars que son poids extrêmement léger ne fait pas fléchir. Par sa forme il ressemble à la bécassine, mais il s'en distingue par sa couleur cendrée avec des reflets mordorés sur le dos, blanche d'une pureté immaculée sur le ventre et la partie postérieure du corps. Les pattes sont grises de même que le bec qui a trois ou quatre centimètres de long.

Ce charmant oiseau apparaît dans nos contrées vers la fin d'avril ou le commencement de mai, disparaît à la fin de ce dernier mois et revient à la fin de juillet pour rester chez nous jusqu'à la mi-septembre. En Provence on le chasse à terre, ailleurs en bateau. Son vol est généralement assez régulier. Il rase l'eau quand il a quitté la terre, et alors il est facile de l'abattre lorsqu'il part à portée. S'il est trop fatigué par la poursuite, il restera dans les herbes marécageuses, les saules, se blottira sous les arbres de la rive, et dès qu'il croira pouvoir le faire sans danger s'envolera du côté de la plaine. C'est une chasse fertile en incidents, et il n'est pas rare qu'elle offre une occasion de doublé, à la condition que l'on soit leste et adroit.

Avec les culs blancs vous rencontrerez sur les grèves les diverses espèces de chevaliers, ceux au pied rouge, les sylvains, etc., la barge, le héron, la mouette, une bécassine égarée, puis les ramiers et les tourterelles. Ne vous en souciez pas pour le moment, vous reverrez tout ce gibier là en d'autres circonstances, la mouette en mer, le ramier dans les palomières des Pyrénées, la tourterelle dans les taillis, dans les champs de pommes de terre. Il ne faut pas courir tant de pièces à la fois : suivez votre motteux, ne le laissez pas s'engager trop avant dans les sables où il sera inabordable, parce qu'il vient de très loin, et quand vous l'aurez décidément dans votre carnier, empressez-vous de le rapporter chez vous, car il doit être plumé et mangé en salmis le même jour.

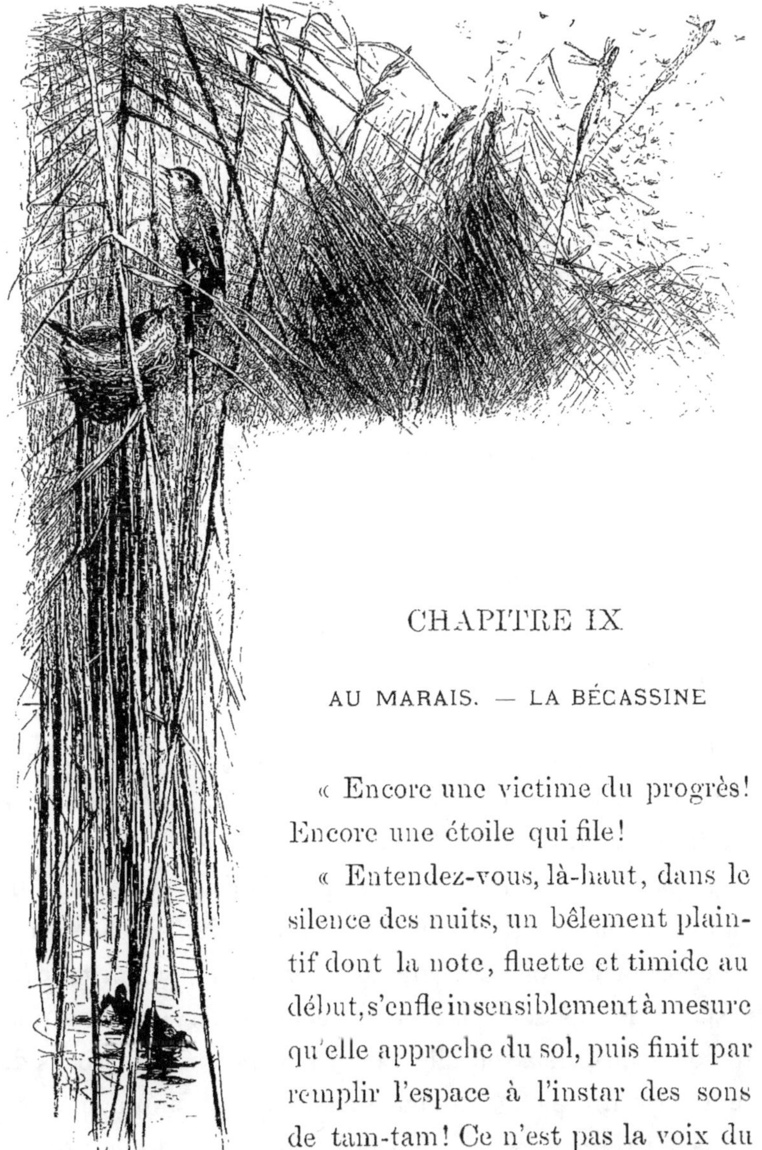

Au marais.

CHAPITRE IX.

AU MARAIS. — LA BÉCASSINE

« Encore une victime du progrès! Encore une étoile qui file!

« Entendez-vous, là-haut, dans le silence des nuits, un bêlement plaintif dont la note, fluette et timide au début, s'enfle insensiblement à mesure qu'elle approche du sol, puis finit par remplir l'espace à l'instar des sons de tam-tam! Ce n'est pas la voix du chevreau, bien qu'on puisse s'y méprendre. Le chevreau ne vole pas ainsi que les pigeons et sommeille la nuit sur le sein de sa mère. C'est le chant de la bécassine, la grande persécutée, qui promène ses tristesses sur les eaux de nos fleuves et bêle ses adieux aux quatre points cardinaux du ciel :

« — Adieu, douce patrie d'où le progrès m'exile ! Adieu, France, mes amours, terre d'élection où fleurit la terrine, où croissent tous les lauriers pour parer toutes les gloires, le seul pays ou l'art vous fasse un beau trépas ! Pleurez, pleurez sur moi comme je pleure sur vous ! Le drainage m'avait commencée, l'assainissement m'achève.

« Elle dit et s'éloigne à tire d'aile vers les Marais Pontins, asile toujours ouvert aux malheureux proscrits.

« Et les plaintes de la désolée retentissent au cœur du chasseur au marais, où elles réveillent les regrets douloureux du passé et les soucis de l'avenir, d'un avenir prochain, sombre et désenchanté. »

Toussenel, qui a jeté ce cri fatidique, était poète autant que prophète et, comme tel, on peut lui pardonner son excès de tristesse et sa fougue d'imprécation. La bécassine n'est pas morte en France, quoi qu'il en dise, et en dépit de toutes les lamentations dont elle est l'objet, elle hante encore nos marais en assez grande abondance pour ne pas désespérer le chasseur ; seulement celui-ci ne la trouve plus toujours aux lieux où elle venait jadis s'offrir aux fusils de premier ordre. Elle reste en août et en septembre, puis en mars, au retour, la reine de nos marécages, et elle promet encore, à qui possède la science voulue pour la tirer, des séductions, des émotions, des joies, d'autant plus douces qu'elles ne sont pas données à tout le monde, car elle est l'apanage des maîtres et des praticiens expérimentés, et ceux-là ne se plaignent pas de sa rareté parce qu'ils ne sont pas nombreux eux-mêmes.

Pourtant il y a du vrai dans les regrets de Toussenel, et vous entendrez des chasseurs dire à leur tour :

— Il est loin le temps où nous faisions de belles récoltes dans les marais que les ingénieurs nous ont gâtés! Ces pauvres marais, ils sont aujourd'hui transformés en prairies planturcuses où il y a toujours des bœufs comme autrefois, mais où il n'y a plus de bécassines. Bientôt nous en serons réduits à aller poursuivre la reine des gibiers migrateurs dans les queues d'étang, maigre ressource pour ceux qui les ont fréquentées dans ces milliers d'hectares constituant autrefois leurs domaines.

Autrefois, en effet — nous parlons d'il y a cinquante ans, car il faut reculer jusque-là pour revenir à l'époque où le progrès de la destruction n'avait pas encore commencé son œuvre — les bécassines, oiseaux de passage, arrivaient à l'automne et au cours de ce mois d'hiver, en grands bataillons, en « voliers » et se répandaient dans les fonds marécageux, les prairies basses, les terrains couverts d'eau, où on les tuait par centaines. Aux grands froids elles disparaissaient.

On les chassait avec un chien d'arrêt, accoutumé à pister lentement, à mesurer ses pas, et surtout à obéir à l'œil, car de même que pour la bécasse, et davantage, la première condition pour réussir est de ne pas faire de bruit en marchant. Un braque prudent et docile, un épagneul de Pont-

Audemer encore mieux, faisait admirablement l'affaire. On se mettait en route de bon matin par un temps sombre, bien vêtu, bien équipé, surtout bien chaussé avec les grandes bottes de marais montant jusqu'au genou, que l'on achetait à Saint-Omer et qui permettaient de marcher dans l'eau en ayant toujours les pieds secs. J'ai dit par un temps sombre, et j'ajoute par une fraîcheur de brise. C'est à ce moment et dans ces conditions de température que l'on avait le plus de chance de succès. On était sûr que l'oiseau, qui se lève toujours le bec contre le vent, était là, arrivé sans doute de la veille, mais on ne le découvrait pas aisément parce que la couleur jaune de son plumage le faisait souvent confondre avec l'herbe rousse où il se gîtait, en observation, prêt à partir au moindre bruit, et si peu rassuré qu'au lieu de se coucher, il ne faisait en quelque sorte que s'accroupir en ne rentrant les pattes qu'à demi. Nous le tirions au cul levé, quand il faisait sa pointe, avant le premier crochet ou bien au moment où, après avoir volé droit en montant, il obliquait. Suivant les circonstances nous marchions dans le vent pour l'empêcher de sentir trop vite notre approche, ou bien le vent au dos, pour lui laisser effectuer son mouvement circulaire.

Chacun de nous savait et recommandait à ceux qui l'ignoraient qu'il fallait abattre la bécassine ou la manquer, et que faire voler la plume était simple jeu de novice ne servant point, car la dame s'envole d'un essor rapide.

Quelques vieux chasseurs vous diront qu'elle passe souvent du sentier non battu dans le chemin déjà battu, dé-

Le rendez-vous au marais.

jouant ainsi la piste, et cette particularité doit s'attribuer, suivant eux, à deux causes, la première motivée par la recherche de quelque nourriture plus agréable à l'oiseau, la seconde, et peut-être la plus plausible, résultant de ce que la bécassine, qui entend de loin, éprouve une espèce de tressaillement quand le pied du chasseur s'appuie en avançant sur le terrain spongieux.

Il faut remarquer aussi que les bécassines ne restent jamais longtemps à terre en un même endroit, à moins que ce ne soit pour boire au bord d'un ruisseau. Ce que le commençant ne doit pas négliger, c'est de prendre ses distances, et par conséquent de connaître exactement le tempérament de son fusil et l'effet à attendre de la charge. Il ne le saura qu'au bout de quelques apprentissages, en comparant la manière dont opérera son arme à 20 ou 40 pas, et cette comparaison lui indiquera une distance moyenne à laquelle correspondra l'égalité de distribution de sa charge sur le plus grand rayon qu'elle puisse décrire, de telle sorte que l'oiseau reçoive du plomb en tout cas et se trouve dans l'impossibilité de s'évader du cercle tracé par ce rayon. Une seconde recommandation élémentaire pour la bécassine plus que pour tout autre gibier de plumes, c'est d'avoir une crosse de fusil bien adaptée au chasseur, afin que la charge ne passe pas au-dessus du point de visée.

Un chasseur du bon vieux temps, de ces vieilles années où l'on faisait beaucoup de besogne à la chasse, donne pour conseil à qui veut avoir à son actif deux ou trois cents couples de bécassines à la fin de sa saison, de commencer par suivre l'oiseau de l'œil jusqu'au moment où il est monté à peu près à la distance où le fusil que l'on a dans les mains peut l'atteindre efficacement, puis de lever vivement l'arme, et quand elle est bien en position de tirer; mais la difficulté est grande, parce que c'est une question de demi-secondes.

Il y a cinquante ans, la bécassine se rencontrait presque dans toute la France et particulièrement dans les provinces du nord, dans le Pas-de-Calais où les marais de Clairmarais près de Saint-Omer l'attiraient en grande quantité, en Bretagne, dans les Pyrénées, où il y avait de très bons fonds, aux environs de Nantes, et à Montreuil, qui était l'eldorado des chasseurs au marais; mais il n'était pas nécessaire de faire un voyage pour se donner ce plaisir. En outre, le passage des bécassines pouvait se reconnaître si facilement, pour peu que l'on eût l'œil exercé, qu'on disait : « Elles sont là » et l'on ne se trompait presque jamais. Aussi à Clairmarais, à Guines, quand on avait vent de l'arrivée des bécassines, les paysans se hâtaient-ils de prévenir les chasseurs de Saint-Omer dont on espérait quelque bon pourboire et qui lâchaient tout, famille, affaires, clients ou clientèle, pour accourir au bon endroit.

Quel spectacle amusant que ces battues aux bécassines et quelle assemblée de nemrods! Il y avait le président du tribunal qui ne s'était pas gêné pour donner congé ce jour-là à dame Thémis, l'avocat qui avait suspendu sa robe de plaideur au clou pour endosser sa veste de chasse, le marchand de drap qui avait bravement fermé boutique en collant sur les volets de sa devanture de magasin un papier avec ces mots écrits précipitamment à la main : « Absent pour cause de chasse », l'épicier qui avait déserté ses balances et ses caisses de chandelles; le notaire qui aurait laissé, s'il l'eut fallu, mourir sans testament le meilleur de ses amis, et bien d'autres. Rangés à la première pointe de l'aube sous les saules, ils attendaient, la carnassière au dos, une immense carnassière où auraient pu s'engouffrer une ou deux douzaines de canards sauvages. A côté d'eux ou sur leurs talons les chiens, dont beaucoup d'efflanqués, de faméliques ressemblant à ceux de Callot.

— En route pour le marais, Messieurs!

La colonne s'ébranlait, et bientôt vous les eussiez vus tous pataugeant dans la mare, vacillant dans leurs énormes bottes, le cigare aux lèvres, l'air crâne surtout.

Une bécassine, inconsciente de tout le tumulte qu'a causée sa présence, part au bruit qu'elle entend; sa confiance en ce lieu qu'elle avait cru solitaire se modifie étrangement quand une fusillade nourrie retentit. Les plombs passent à côté d'elle en sifflant. *Pan! Pan! Pan!* La pauvre bestiole effarée monte plus haut, plus haut encore, et quitte à jamais ce théâtre où devait se passer un massacre prémédité. Pendant ce temps les chasseurs fascinés par son essor chargent, déchargent, rechargent leur fusil. *Pan! Pan! Pan!* Quelques plombs finissent par toucher l'oiseau dans sa fuite désespérée, son vol s'alourdit, il descend, il tombe.

Alors le tableau est indescriptible.

— Il est touché, voyez, voyez! il est touché! apporte, apporte!

Tout le monde crie à la fois.

— C'est moi, Monsieur.

— Non, c'est moi.

— Vous, allons donc!

— Je suis un menteur, n'est-ce pas?

— Je n'ai pas dit cela.

— Vous l'avez insinué.

Entre temps les chiens se sont élancés; mais comme possession vaut titre, c'est à qui excitera son braque, son épagneul.

— Apporte, Black.

— Plus vite, Phanor.

— Est-il maladroit, ce Fox!

— Elle n'a donc plus de jambes, Miss?

— Vous voyez bien que votre Perdreau est essoufflé.

— On jurerait que votre Marquise est empaillée.

— C'est Tempête qui l'aura.

— Je vous dis que ce sera Thisbé.

— Qu'en savez-vous?

— Cela se voit.

— Non.

— Si.

Et la discussion de s'envenimer.

Dans l'intervalle, les chiens ont rejoint la bécassine, trois ou quatre l'ont trouvée, un plus habile la happe, un autre la saisit par la tête, un autre par l'aile, un autre encore par la patte, chacun tire de son côté, avec un mouvement de queue qui signifie :

— Je travaille pour le compte de mon maître.

— Et moi donc!

Au bout de quelques instants l'objet du conflit a disparu, les réclamants en emportent chacun un morceau dans leur gueule.

Ces « chasseurs aux bécassines » de petite ville, qui auraient pu entrer avec succès dans une opérette de nos jours, étaient alors dans toute la France les prototypes des chasseurs de casquettes de Tarascon, et il n'y avait pas de Tartarin que dans le midi. Mais à côté d'eux on nommait les grands tireurs, non pas ceux qui font valoir leur autorité en morigénant tout le monde, mais ceux dont le souvenir vit dans la mémoire de quiconque s'occupe de chasse : les de la Rue, les d'Houdetot, je devrais en citer cent.

Nous avons trois variétés de bécassines, qui toutes se chassent de la même manière, la *bécassine commune,* au plumage roux-fauve avec mouchetures noires, la *grosse bécassine* ou solitaire, que l'on appelle bécassine double à cause de ses proportions et qui voyage isolément. On trouvait jadis celle-ci en Picardie du commencement d'août au milieu de novembre, et en Provence, en mars et avril, puis en septembre et octobre. Elle fréquente le marais et se plaît dans les courants très rapides, elle ne tient pas aussi bien que la bécassine commune et piète d'ordinaire beaucoup comme le râle. La troisième variété est la *bécassine sourde* que l'on nomme également *beccot* ou *jacquet,* en anglais *jacksnipe* ou tout simplement *petite bécassine.* Elle est dodue comme une caille et pas plus grosse. On la reconnaît non seulement à cette particularité mais aussi au vert brillant de ses ailes. Elle s'associe le plus souvent en compagnie avec d'autres oiseaux des marais et se présente le plus généralement par couples. On la tire assez facilement. C'est un oiseau très joli et de toutes les bécassines celle qui a le plus de fumet.

Les bécassines pondent quatre ou cinq œufs vert clair pointillés de petites taches brunes et gris pâle. Elles voyagent du nord au midi et opèrent deux passages en France, le premier à la saison des migrations générales, le second à celle de l'aviation.

Sur les mérites transcendants de la chair de la bécassine tout a été dit. Ceux qui ne l'ont pas goûtée étalée sur une rôtie croustillante et dorée n'ont pas le droit de parler de gastronomie.

Il y a des chasseurs qui ont le culte de la bécassine. J'en ai connu un, et ce n'était pas le moins habile, qui en abritait une dans un couvert de laiches au fond de sa propriété. Nous nous rencontrions quelquefois :

— Et votre bécassine ?

— Elle vit toujours.

— Parce que vous le voulez bien.

— Non pas, j'ai compté les coups que j'ai déjà manqués sur elle...

— Vous ? notre plus impeccable fusil du département !

— Cette bécassine est une sorcière, j'en ai la conviction... Vous ai-je dit le nombre des coups... cent quatre-vingt-dix-neuf.

Le lendemain, je le revois. Il avait la mine abattue.

— Il me semble avoir entendu votre fusillade ce matin.

— Vous avez bonne oreille.

L'automne au marais.

Je parie que c'est encore la bécassine. Le deux centième coup n'est-ce pas ?

— Hélas, oui, mon cher, et j'ai eu le malheur de la tuer.

Il en était tout consterné. J'ai su plus tard que depuis cet « accident » il n'avait plus jamais décroché son fusil du ratelier.

Un chasseur ne tire pas exclusivement pour donner la mort à l'oiseau qu'il vise.

Mon ami était convaincu qu'il n'avait peloté sa fameuse bécassine que par raccroc. Et il en a eu le remords jusqu'à la fin de ses jours.

Après la bécassine il n'y a, de nos jours, de vrai gibier d'eau et de marais que le canard sauvage. On en compte en France jusqu'à douze variétés qui fréquentent nos étangs, nos rivières et nos fleuves au printemps et en automne. Les ornithologistes en décrivent soixante-dix-sept espèces répandues sur toute la surface du globe. Ceux qui émigrent dans nos régions, les uns poussés par la tempête, les autres voyageant en troupes nombreuses, en phalanges triangulaires, établissent leurs cantonnements pour quelque temps dans tels de nos départements où ils trouvent la nourriture qui convient à leur appétit : grenouilles, insectes aquatiques, graines, puis ils s'en vont, n'ayant en réalité pas d'habitation fixe et préférant à tout la vie indépendante qu'ils mènent généralement. Lorsqu'ils nous quittent, il y en a toujours quelques-uns qui restent, soit parce qu'ils ne partagent pas les goûts nomades de leurs congénères, soit parce que la France a pour eux un attrait particulier. Ils se logent dans les joncs, y pondent et couvent. Leurs petits prennent le nom de *halbrans*. On chasse ceux-ci en juillet ; tandis que le canard sauvage ne se tire qu'en décembre. La chasse aux halbrans a lieu en bateau. Ce dernier est amarré sur l'étang dans un petit garage à l'endroit où les roseaux sont le plus clairsemés près de la rive. On embarque, le garde ouvre le cadenas retenant la chaîne, détache le bateau, pousse au large en saisissant un aviron dont la palette terminée en deux pointes sert de perche, et projette silencieusement l'embarcation au milieu des joncs. Pas un bruit, chacun se tait, on écoute, on cherche à surprendre l'ennemi, un petit clapotement se manifeste, on va tirer. Ce n'est qu'une pauvre poule d'eau qu'on néglige pour ne pas effrayer les canards qui sont un peu plus loin. En effet cinq minutes après le canard s'envole. Le chasseur attend. Un autre canard prend sa volée, puis cinq, six, dix, vingt autres. La barque avance toujours. Tout à coup deux détonations partent pour ainsi dire au même instant : Coup double !

Parmi les canards sauvages, il faut signaler en premier lieu celui qui est la souche de nos canards domestiques et que l'on appelle le *colvert* à cause de la nuance émeraude de son cou et de sa tête. C'est le type le plus parfait et le plus répandu. Il nous arrive des marais qui forment la frontière de la Hollande et des Flandres belges, et on lui donne aussi pour cette raison le nom de *canard flamand*. Il habite partout où il y a de l'eau, fleuves, marais, étangs et mares, et toutes les particularités qui s'appliquent à lui se retrouvent dans les autres variétés acclimatées en nos régions.

Le *canard siffleur,* celui que l'on voit le plus fréquemment en hiver, est ainsi nommé parce qu'il fait entendre un sifflement aigu et prolongé. Les Bretons l'appellent *pin-ru* (tête rouge) les Picards *oigne* ou *wagne,* qui est sans doute une onomatopée. Il a le bec recourbé bleuâtre, les ailes vert-doré. Le *canard huppé,* moins commun que le précédent, se rencontre assez souvent sur les rivières. Le *canard pilet* à longue queue, aux pattes noires, aux deux pennes caractéristiques qui lui ont valu en Picardie le nom de *pennard,* est aussi connu sous la dénomination de *faisan de mer.* On le tire principalement à l'embouchure de la Somme. C'est un gibier maigre en carême. Le *canard ridenne,* appelé en Normandie *chipeau,* en Vendée *roussot,* est plus méfiant que les autres; on peut même affirmer qu'il est farouche. Habile plongeur, il évite souvent le coup de fusil. Le *canard souchet,* qui tient le milieu entre la sarcelle et le colvert, s'appelle aussi *rouge de rivière,* et *spatule* à cause de son bec épaté; il est commun sur la Seine et la Marne, et paraît en octobre. Il gagne assez promptement le midi. Le *canard milouin,* appelé *rougeot* en Bourgogne et *cataroux* en Provence, est la variété la plus multipliée dans nos climats après le canard ordinaire. Il est plus petit que le colvert. On le tire généralement à la hutte. Le *canard morillon* ou *canard du nord* est beaucoup plus rare, quoi qu'il se rencontre quelquefois sur la Marne. Le *canard petit milouin* ou *sarcelle d'Égypte* ne séjourne pas chez nous, repasse au printemps et voyage par paires. Le *canard garrot* ou *canard aux yeux d'or,* arrive par petites troupes en novembre sur nos étangs; les huttiers de la Picardie en tuent et en prennent beaucoup. Blanc et noir comme la pie, il ne peut se confondre avec aucune autre espèce, surtout à cause des deux taches blanches qu'il a au coin du bec.

Le canard *morillon,* qui a les pieds noirs en dessus et rouges au-dessous, est la plus petite de toutes ces variétés. Sa chair, est appréciée. Il se trouve en hiver sur les étangs, sur les rivières et dans les marais. Le *canard tadorne* est le plus remarquable de tous par sa taille, par sa beauté et l'éclat de son plumage. Il fréquente les dunes dans le voisinage de la mer, et, détail curieux, la femelle pond ses œufs dans les terriers de lapin, et même dans ceux des renards et des blaireaux. Son nom latin lui vient même de cette particularité de mœurs, *vulpes-anser* (canard-renard) ; il habite les climats froids et parfois aussi les tempérés. Peu de gens en dehors des naturalistes et des Picards de la côte le connaissent chez nous. La cane du tadorne dépose de dix à quatorze œufs sur le sable du terrier sans construire aucun nid, mais elle les enveloppe dans un duvet blanc très épais dont elle se dépouille. Durant tout le temps de l'incubation le mâle fait sentinelle sur un point culminant des environs. Aussitôt éclos, les canetons vont à la mer qui est toujours à leur portée. La nourriture du tadorne se compose de substances végétales aquatiques auxquelles il mélange des vers et des sauterelles de mer, du frai de poisson et de petits coquillages surnageant dans l'écume de l'eau salée où il barbote constamment avec délices.

Le nombre prodigieux des canards sauvages qui s'abattent en France et celui de leurs variétés serait inexplicable si l'on ne savait que ces oiseaux sont originaires de plusieurs pays du nord formant ensemble une vaste portion du globe. Tous les voyageurs ont signalé depuis longtemps l'abondance de ce gibier dans ces régions septentrionales. Regnard, dans son *Voyage en Laponie,* dit que dans cette contrée il trouva les fleuves, les rivières et les lacs littéralement couverts de canards, d'oies et de cygnes vivant à l'état sauvage et qu'il profita de cette circonstance pour nourrir son équipage pendant tout son séjour dans ces terres hyperboréennes. Jacques Arago, dans sa *Promenade autour du monde,* rapporte un fait analogue. — « Sans les canards sauvages, dit-il, tous ceux qui étaient à bord de l'*Uranie* auraient fatalement péri. » Châteaubriand, dans le *Génie du Christianisme,* considère comme un fait providentiel l'arrivée de ce gibier chez nous à une époque de l'année où la terre est dépourvue de productions. Ils se transportent en effet en France et particulièrement dans nos départements du nord et du nord-ouest, en Normandie, en Bretagne, où les chasseurs les tuent en quantités presque innombrables qui sont expédiées sur tous les grands marchés et avant tout à Paris et à Londres.

Il arrive que les paysans font passer quelquefois aux acheteurs leurs canards domestiques pour des colverts ou tadornes, ou autres espèces sauvages. Cette fraude peut toutefois être facilement déjouée, car les canards sauvages ont toujours les pattes noires. On reconnaît aussi les canards domestiques à l'incision qu'ils ont au bec et qui est pour chaque propriétaire une marque faite par lui, à laquelle il reconnaît ceux qui font partie de sa basse-cour. Cette incision se cicatrise avec le temps et s'efface peu à peu, mais un bon connaisseur la voit facilement.

On chasse les canards sauvages à la hutte dans les *marais*. On désigne sous ce nom des étendues qui ont souvent plusieurs kilomètres carrés de superficie. Pour s'en faire une

Un coup de canardière.

idée, qu'on se figure un immense filet déployé, dont les
mailles seraient de formes et de dimensions tellement iné-
gales que l'une ne ressemble pas à l'autre; supposez que les

fils de ces mailles soient des canaux de 8 à 25 mètres de large, et que les mailles elles-mêmes soient autant d'îles, dont plusieurs forment des étangs occupant une surface d'un ou deux hectares et communiquant les unes avec les autres par des ouvertures. Imaginez ensuite des rangées de têtards, c'est-à-dire d'arbres dont on a coupé la tige afin de les faire pousser en branches, et que l'on a plantés le long des canaux et autour des étangs à des distances régulières, de telle manière que l'ensemble offre l'aspect d'un lieu très boisé, fermé à tous les regards et où il est difficile de trouver son chemin à cause du labyrinthe des canaux. Cette image vous dépeint assez exactement ce que l'on appelle une canarderie ou un marais.

Plusieurs des îlots compris dans ces marais sont cultivés, transformés en vergers, en jardins maraîchers. La fertilité du sol y fait abonder les productions qui vont approvisionner en fruits et en légumes les marchés. Le mouvement qui règne en ces endroits est très pittoresque. Les barques chargées de poires, de pommes, de cerises, de fraises, traversent rapidement les canaux. Des femmes, assises à la poupe, tiennent le gouvernail. Un homme manœuvre une gaffe pour éviter que l'embarcation ne se heurte aux bords et leur habileté est si grande qu'ils semblent ne pas bouger de place et ne pas se préoccuper d'un échouage qui les ferait inévitablement sombrer, eux et leur précieuse cargaison.

Il y a dans l'intérieur du marais d'autres îlots plus vastes qui ne sont pas cultivés et restent sous eau, recouverts de joncs, offrant, en un aspect sauvage, un excellent abri pour les bécassines et la sauvagine de toute espèce qu'on y trouve en effet en abondance. Toutefois il n'est pas facile d'y faire lever ces oiseaux de manière à les tirer, parce qu'ils ne montent pas perpendiculairement, mais volent en rasant la surface de l'eau, sous la protection de ces remparts herbeux, et échappent ainsi à la portée du chasseur avant que celui-ci les ait aperçus.

C'est à ces retraites ou couverts de la sauvagine que l'on doit arriver en bateau, en ayant soin de chausser d'abord des bottes de marais. Beaucoup de chasseurs construisent des huttes dans leurs étangs et prennent pour cette raison le nom de huttiers. Ces huttes sont faites de branchage, généralement en forme de ruches, avec une porte dissimulée et une ouverture faisant face à l'eau où les oiseaux viennent s'assembler. Le lit est en roseaux, secs et bien serrés. D'autres entourent leurs étangs de palissades de 5 à 6 mètres de haut, cachées sous des roseaux, et avec des évents ou trous s'ouvrant en différents points des canaux. Dans l'un et dans l'autre cas le chasseur attend l'arrivée des voliers successifs de sauvagines qui viennent couvrir les étangs, et quand ils sont en nombre, la *canardière,* qui est un fusil ayant le gabarit d'un petit canon et planté sur un affût, entre en besogne. On tue de la sorte jusqu'à 150 et 200 pièces d'un coup.

Les huttiers sont éparpillés sur toute l'étendue du marais et tiennent les canards sauvages en mouvement, en les obligeant à voler d'un étang à l'autre en bataillons épais. Ils renouvellent plusieurs fois en une nuit leur massacre en laissant les morts et les blessés sur place pour les ramasser quand le jour reparaîtra. Alors avec un petit fusil et un bon chien, ils ont peu de mal à achever la tuerie. Généralement ils emploient comme leurre un canard apprivoisé qu'ils attachent à un pieu planté dans l'eau et émergeant de quelques centimètres. Ce canard, chargé d'attirer les autres, a l'air de nager en liberté. Il bat des ailes, barbote, plonge, paraît tout joyeux. En réalité c'est un traître qui fait prendre les autres au piège, mais un traître inconscient.

Par les grands froids on tue des canards sauvages en nombre sur les jetées des villes maritimes. Ces jetées s'étendent à une grande distance dans la mer. Mais il arrive plus d'une fois que l'oiseau abattu à coups de fusil tombe dans l'eau et alors il faut aller le chercher au large, ce qui n'est pas exempt de péril.

Je ne puis résister au désir de transcrire ici une bien jolie page dont j'ignore malheureusement l'auteur, mais que vous lirez, j'en suis sûr, avec intérêt. Ce sont les souvenirs d'un canard sauvage racontés par lui-même.

« Je vois encore le grand marais où nous habitions, le soleil implacable qui nous dévorait, et j'entends le claquement sec des longues lanières de roseaux que fouettait le mistral. C'était en Camargue, sous le chaud climat de la Provence, que nos parents avaient fait leur nid. De tous côtés le Rhône étendait ses bras, fleuves puissants qui roulaient à pleins bords leur eau blanchâtre, au travers des îles abandonnées par le courant, fouillis inextricable d'oliviers sauvages, d'arbrisseaux aux feuilles argentées, bras allongés de vase chaude où vivaient les castors, les aigles à tête blanche, les oies et les cygnes.

« Une dérivation du fleuve amenait de l'eau douce dans notre marais, qu'une rangée de dunes protégeait contre les flots salés du Valcarès, car la mer était là, à quelques coups d'ailes.

« Cachés dans les tamaris qui bordaient le haut de la dune, nous considérions avec une admiration craintive des grèves éblouissantes, les fins triangles des voiles latines qui fuyaient au loin sur la brise, les gracieuses évolutions des mouettes qui se jouaient en l'air, fleurettes blanches sur le ciel bleu, et les interminables rangées de graves flamants qui pêchaient, reculant pas à pas devant la marée, envoyant presque sur nous à travers l'immense grève leurs ombres fantastiques.

« C'étaient d'heureux moments. Nous parcourions gaiement le marais qui exhalait en chauds effluves la chaleur absorbée, nous trottions gauchement sur les feuilles des nénuphars, luttant avec les gros vers et les sauterelles imprudentes, nous reposant sur le sein moelleux des plantes grasses, gonflées de suc à en éclater. Nous étions revêtus d'un soyeux duvet noir et jaune, que ma mère lissait avec amour, tandis que nous lui demandions avec inquiétude quand il nous viendrait de vraies plumes et si jamais nos ailes auraient la force de nous soutenir en l'air.

« Elle était si jolie, notre mère ! Jamais depuis je n'ai revu pareille délicatesse de formes, pareille douceur mêlée de dignité. Elle était encore très jeune, si bien qu'on l'aurait prise pour une sœur aînée de sa petite famille ; mais sous cette apparente ingénuité se cachait un grand bon sens, et elle nous prévenait sans cesse contre des dangers dont nous n'avions encore aucune idée.

« Mon père se montrait moins souvent. Il n'avait pas pour nous les mêmes épanchements, mais sa mâle figure respirait un calme qui nous rassurait. Ma mère lui montrait avec orgueil nos progrès et il nous recommandait d'exercer nos ailes sans cesse. Il était pour elle d'une tendresse inépuisable, la remerciant de ses soins, lui rapportant les morceaux de chair trouvés dans les roulines, qu'il parcourait la nuit, tandis qu'elle restait au logis pour nous réchauffer sous ses ailes.

« L'expérience et la force de mon père, la beauté de ma mère faisaient de la souche que nous habitions, le lieu de réunion de toute la société du marais. Là se rassemblaient les gracieuses bécassines dont le cri strident nous faisait grand peur, les petits chevaliers blancs comme la neige, les marnettes qui jouaient avec nous, enfin quelques canards, mais ceux-ci étaient peu nombreux. Les autres étaient partis, disait-on, par peur de la fraîcheur des étangs et des brumes, ou pour se plonger avec ivresse dans les vagues vertes des froides mers du Nord. C'était à cause de nous que mes parents les avaient laissés prendre les devants.

« Nous avions en revanche la visite de frileux habitants d'Afrique. Un vieux flamant rose s'était pris d'amitié pour nous. Et je l'entends encore, dans ces claires nuits d'été, nous décrivant les merveilles des bords du Nil ou des bouches du

Gange, secouant parfois ses ailes qui jetaient, sous les rayons

Le héron.

de la lune, des flammes fauves, tandis que nous l'écoutions,
rangés autour de lui. muets d'admiration et de désir. Quand

il parlait de sa retraite favorite, une crique profonde des lacs et des mers, ses yeux étincelaient. sa parole devenait vibrante, forte, et il faisait revivre avec une puissance prodigieuse ces rivages inconnus, ces arbres immenses qui pendent par mille pieds dans l'eau chaude et toutes les surprises enchanteresses de cette végétation luxuriante. Il faisait chatoyer à nos yeux éblouis les éclairs changeants que jettent, sous les rayons de feu du soleil des tropiques, les bandes innombrables de canards aux teintes vertes, les cygnes aux reflets de neige, les flamants et les ibis rouges et les grues au plumage bleuâtre ; tandis que les sons creux des éléphants qui boivent, les museaux des fauves et le ramage confus des milliers d'oiseaux causent une sorte d'ivresse délicieuse. Et quand il nous quittait, je voyais, longtemps encore, dans un sommeil agité, des paysages fantastiques se dérouler sous mes yeux.

« J'ai peine à m'arracher à ces souvenirs, car ces premiers jours sont la partie la plus heureuse, la plus insouciante d'une existence agitée. Trop complet, ce bonheur ne pouvait durer. Un soir, nous avions causé plus longtemps que d'habitude d'un voyage vers le Nord, quand nous aperçûmes trois hommes et un enfant qui longeaient le marais. Nos parents semblaient inquiets. Une huppe s'enleva d'une touffe de consoude au bord du marais, et fila vers la terre de son vol inégal et saccadé. L'arme se coucha sur l'épaule du jeune homme, un coup de tonnerre éclata et une fumée blanche me cacha un moment la scène. Mes parents s'étaient envolés, les hommes tombèrent à genoux derrière des broussailles,

si bien tapis que je les devinais à peine. Après une longue
randonnée, les vieux canards retombèrent près de nous.

« — Il est seul armé, disaient-ils, et sans doute peu à
craindre, la huppe n'a pas de mal.

« Il y eut un moment de silence.

« On entendait dans l'eau un clapotis régulier. Mon père
leva la tête.

« — Il vient droit sur nous, dit-il, partons chacun de
notre côté.

« L'homme arrivait, fouillant des yeux les joncs, j'entendis
deux ronflements presque simultanés; mon père s'était en-
levé, et fouettait les roseaux de ses ailes puissantes. Mais le
mistral le saisit et une rafale plus violente le rejeta sur le
chasseur. Un instant, il resta immobile, cherchant à remonter
le vent : une sorte d'ombre allongée passa dans l'air, je vis
ses plumes se froisser, sa tête alourdie s'inclina, les pattes
pendirent inertes; les ailes restaient ouvertes, il bascula en
avant et tomba bruyamment, faisant rejaillir l'eau du marais.

« Une autre détonation suivit aussitôt dirigée sur ma
mère. Plus agile, elle avait pris le vent et filait à pleine vitesse : mais je remarquai dans son vol un tressaillement
presque imperceptible; les ailes cessèrent de battre, et l'in-
fortunée, le cou tendu, glissant obliquement dans l'air, s'a-
battit à son tour, fauchant le jonc.

« — Bravo! bravo! criait-on du bord.

« Le chasseur marcha sur l'endroit où était tombée ma
mère, mais elle me rejoignit au bout d'un instant, près de
mon père, là où nous avions couru de suite.

« — Soyez prudents, dit-elle, défiez-vous des jolies canes qui vous appelleront près des touffes épaisses de roseaux.

« Le chasseur passa sur nous, prit les deux victimes par les pattes et les emporta. Ma mère battait des ailes avec désespoir, tendant son cou impuissant et poussant des cris de détresse. C'est ainsi que je la perdis de vue, et pendant de longs mois, dans mes veilles solitaires, ces derniers appels résonnèrent à mes oreilles, troublant le silence de la nuit. »

Le marais, les bordures d'étangs, les mares situées au milieu des bois, les rivières aux bords herbeux, tout dans ce paysage où vit la sauvagine déborde de vie exubérante. Sur les feuilles de nénuphar chante la grenouille, dans les grands roseaux circulent les poules d'eau, les pluviers, tandis qu'une oseraie flexible se plie doucement sous le poids du nid de la jolie fauvette. Dans un bas fond, le héron immobile, sur une patte, l'œil ouvert, le bec à l'affût, attend patiemment qu'un poisson passe à portée, et quand ce ne serait qu'un barbillon, il le happe, avec dextérité, et le fait disparaître dans l'étroite profondeur de son long cou.

CHAPITRE X

LE GIBIER A POIL
LE LIÈVRE ET LE LAPIN

On chasse le lièvre à tir
et à courre, au chien d'arrêt ou à la meute. La pre-

Un lendemain de battue.

mière manière est à la portée de tout le monde, l'autre

réclame un équipage ; mais dans les deux cas il y faut employer beaucoup de science et d'adresse, car ce timide, comme l'appelaient les Latins (*lepus timidus*), ce poltron, comme disaient les Grecs (*ptôx,* πτώξ) est un stratégiste aussi habile que rusé, dont on ne vient à bout qu'à la condition de connaître toutes ses malices et de pouvoir les déjouer. Coureur infatigable, calculant ses marches et contremarches, capable des combinaisons les plus inattendues, il sait épuiser la patience du chasseur le plus tenace et mettre en défaut le chien le plus richement doué. Et telle est son adresse que lorsque l'on se met en campagne à l'ouverture, on ne sort pas uniquement pour lui, quand on est seul. On sait en effet d'avance que ce serait le plus souvent perdre son temps et sa peine, s'exposer à laisser échapper d'autres pièces plus sûres et courir le risque de revenir bredouille. Votre chien, si celui-ci a bon nez, pourra l'éventer, l'arrêter, soit, si l'autre veut bien se laisser faire, mais il vous restera à ne pas le manquer, et cela c'est plutôt dit que fait. Aussi ferez-vous bien, en début de saison, de ne pas trop vous y obstiner. Tirez et tuez ce gibier à poil... si vous le rencontrez. Ne vous attardez ni à le chercher ni à le poursuivre exclusivement, et si vous faites lever un vol de cailles, une compagnie de perdreaux, ne lâchez pas la proie pour l'ombre. Quand les cailles seront parties, les perdreaux devenus perdrix, quand il n'y aura pas encore de bécasses ni de bécassines, quand vous n'aurez dans votre rayon d'exploration cynégétique ni bois où vous puissiez trouver du faisan, ni marais où vous soyez certain de tomber sur des canards,

quand à cette époque, où il n'y a en définitive, pour le chasseur qui n'est pas en société, plus d'autre chasse que celle du
lièvre même, alors n'hésitez pas et plutôt que de laisser rouil-
ler votre fusil et bailler votre chien, mettez-vous en route.
Seulement armez-vous de courage, de persévérance, et aussi
de résignation.

Votre terrain d'opération ne sera plus, il est vrai, aussi
vaste que lorsque vous aviez à parcourir toute l'étendue de
la plaine. Maintenant, le lièvre a restreint lui-même son
champ de bataille. Il a déserté les couverts épais, les vignes,
les bosquets, les haies bordées d'arbres, qu'il n'habite que
lorsque rien ne l'y inquiète et ne l'y alarme. Les feuilles
d'automne commencent à tomber et dans leur chute, font du
bruit : il a d'abord dressé l'oreille, puis, s'est demandé en
tremblant « qu'est ceci ? » Le vent soufflant avec force im-
prime des balancements aux branches des arbres qui s'entre-
choquent « Hein, quoi? Si c'était quelque danger ? ». Et de
détaler. « Allons nous abriter en des lieux moins suspects. »
Il a décampé de son pied léger, non sans regretter sans
doute ces témoins de sa naissance et de ses premiers ébats.
Mais prudence oblige.

Le voici logé dans les guérets. Il y a là des mottes de
terre qui lui semblent des remparts contre tous les ennemis :
l'homme, la fouine, le putois, le renard, le chien, bien d'autres. Point de vent qui siffle et souffle, point de bruissement
de feuilles, de craquements de branches. De plus l'avantage de pouvoir promener sa vue au loin sans obstacle,
d'apercevoir tout ce qui arrive et s'avance. Un gîte en

somme où il est encore possible de se reposer et de songer.

Vous n'ignorez pas qu'il a fait toutes ces réflexions et qu'elles l'ont conduit dans ce champ. Vous espérez l'y surprendre et vous entrez dans un sillon que vous prenez en travers. Au petit pas, en silence, Mirza derrière vous, tous deux attentifs, vous mettez un pied devant l'autre, et bientôt vous pestez contre ce terrain qui glisse, où vingt fois vous trébuchez. Enfin vous avez atteint l'extrémité du guéret et vous n'avez rien découvert.

— Il se sera peut-être réfugié dans ces chaumes, vous dites-vous. Un rayon de soleil les baigne, et cette chaleur donne l'illusion de l'été, il aura voulu en jouir.

Il n'y est pas davantage. Voici des avoines. Elles sont déjà assez hautes pour servir de cachette. Vous les fouillez en tous sens; rien. Et vous marchez toujours, toujours. Ces prairies toutes nues, sans chaumières, sans bergers, sans troupeaux, ne vous offrent qu'un aspect monotone : point de verdure; partout du fumier, des cendres, du plâtre, du guano, rien qui recrée l'œil, aucun paysage qui repose pendant que l'on s'ennuie. Car l'ennui commence à s'emparer de vous et de Mirza.

Un fossé interrompt cette monotonie. Ces hautes herbes qui le remplissent recèleraient-elles le compère? « — Entre là! » L'épagneul obéit, autant pour faire diversion à l'uniformité de cette promenade que par acquit de conscience, mais avant de se jeter dans les chiendents et les chardons, il lève la tête vers vous et a l'air de vous dire : « — Pour moi c'est tout à fait inutile, cette perquisition. » Quelques instants après il

Pas facile à doubler.

remonte. « — Je t'en avais prévenu, je le savais bien, tiens! » Cette réflexion que vous lisez dans ses yeux n'est pas de votre goût. Vous vous taisez et poussez plus loin.

Vous arrivez devant une lande. On a fauché là, mais les genêts, les branches, les bruyères repoussent. Si dans ces buissons de houx, de genévriers, d'épines... Attention, Mirza! Le chien n'avait pas besoin d'être averti. Il a vu avant vous et il a senti... Ne le rappelez pas, ne lui commandez point. Il sait aussi bien que vous, mieux peut-être, ce qu'il doit faire. Pas de doute, d'ailleurs. Le lièvre est venu là, ce sont ses voies, et les indices du pied vous annoncent un mâle, un bouquin : le talon est long, et le reste du pied pointu; si c'était une femelle, une hase, le pied serait plus long, plus ouvert, les ongles plus menus.

Vous suivez, vous jetez un mot à Mirza qui sait ce que cela signifie, et s'est déjà mis dans les épines et les ronces. Quelques minutes s'écoulent. Minutes d'anxiété. Tout à coup arrêt. Et presque aussitôt, à vingt pas de vous, s'élance hors d'un paquet de houx le bouquin. Pan! pan! — Vous croyez l'avoir roulé. Vous avez tiré trop tôt. Vous vous essuyez le front. Mirza vous adresse un nouveau regard, un regard de reproche cette fois, lancé vivement : « — Il faudra bientôt que ce soit moi qui vise pour toi. » C'est bien la signification de ce flamboiement de son œil et vous baissez la tête, intérieurement convaincu de votre indignité. Heureux si, avant la nuit, vous parvenez à la réparer, et si le chien rapportant définitivement le lièvre par l'échine, ne vous fait pas entendre qu'au lieu d'un, il en faudrait deux dans le carnier, celui-là et l'autre que vous avez laissé filer.

Votre maladresse, — si vous êtes sincère, vous ne l'appellerez pas autrement — provient de ce que vous n'aviez pas assez étudié le lièvre avant de vous aviser de le chasser Commencez donc par là, c'est un *b a ba* indispensable. Je suppose que vous possédez son signalement : poil doux, soyeux, roussâtre gris terne, un gris qu'il faut apprendre à distinguer de loin, si vous ne voulez pas confondre l'animal avec la terre où il se rase. Des yeux ronds, grands, gris, sans cils et placés dans les côtés de la tête, des oreilles aux extrémités rousses, molles et presque nues. Les jambes de derrière sont deux fois longues comme celles de devant. La poitrine est étroite et longue. Garnissant les pieds des poils longs et rudes formant bourrelet et permettant de courir sur tous les terrains unis ou pierreux.

La hase dépose ses petits au milieu d'un champ dans le premier sillon venu et les y laisse exposés à tous les dangers. Il naît des levrauts tout le long de l'année, et quand ils viennent au monde, ils ont les yeux ouverts, ce qui les distingue des lapereaux qui ne voient clair qu'au bout de douze jours. La mère ne nourrit ses petits que pendant trois semaines, après cela ils cherchent leur nourriture eux-mêmes. Au bout d'un an ils sont lièvres. La durée de leur vie, si elle n'est pas abrégée par le chasseur, par les carnassiers ou par un accident, ne va pas au delà de huit ans.

Le lièvre est végétarien : fruits, graines, légumes, écorces d'arbres, bourgeons, herbes, c'est le menu ordinaire de ses repas. Quelques chasseurs affirment qu'il mange aussi du

poisson et même des souris, mais cette nourriture exception-
nelle n'a sans doute d'attrait que pour le lièvre de la fable.
D'autres affirment qu'il a une prédilection pour la chico-
rée sauvage, et les anciens croyaient qu'il se logeait sous la
feuille de cette plante, qu'ils appelaient pour cette raison palais du lièvre (*palatium leporis*).

Non seulement il est végétarien, mais il pousse sa tempé-
rance à l'extrême : il ne boit pas.

Le gîte du lièvre se nomme communément *forme*, parce
qu'il est moulé sur le corps de l'animal, qui s'y enfonce ; mais
ce gîte change pour lui constamment. Une fois qu'il l'a quitté,
il n'y revient plus, contrairement à ce que croient beaucoup
de personnes.

L'endurance du lièvre est tout à fait remarquable. Il peut
supporter jusqu'à 69 degrés de froid. Aussi le trouve-t-on
sous tous les climats. En France il y a des lièvres roux et
quelques blancs argentés. Toussenel en a vu un noir.
Le lièvre de Russie, de Norvège, des Alpes, des pays de neiges est tout blanc. Dans les régions humides, le long de l'eau,
dans les marais on rencontre le lièvre ladre, que l'on ne
chasse pas, parce qu'il est de mauvais goût. C'est un malade,
peut-être un lépreux.

« Le lièvre, nous dit A. de la Rue, se civilise ; en domesticité
il est susceptible d'éducation, avec beaucoup de patience et
de douceur, en le prenant très jeune ; en dépit de sa nature
rebelle, on le plie à une foule d'exercices qui font les délices
de nos enfants et l'admiration des curieux à deux sous de nos
foires. On lui apprend à battre du tambour, à porter le fusil,

à tirer le canon; — qu'on l'accuse maintenant de poltronnerie! Il vient prendre à la parade le pain dans la main; j'en
ai vu qui montaient à l'échelle. Je m'étonne qu'on n'ait pas
songé encore à faire tourner la broche aux lièvres; un lièvre
faisant rôtir à petit feu son semblable, quelle atrocité! Mais
ce qui m'a le plus frappé c'est le lièvre d'un tonnelier de ma
connaissance, qui le suivait aux champs, partout, absolument
comme un chien. »

J'ai eu moi-même un lièvre apprivoisé, rapporté tout petit
de la chasse, et élevé à la maison. Il était le compagnon as-
sidu de mon épagneul Miss, et tous deux faisaient dans notre
jardin des parties folles. *Lepus*, — c'était le nom que nous lui
avions donné, — vécut cinq ans, et il vivrait peut-être encore,
— car c'était un lièvre phénomène, — si nous n'avions été
obligés de le mettre en civet, parce que, en grandissant, il lui
avait pris la fantaisie de ronger tous nos arbres.

Dès la plus haute antiquité, on a eu l'idée de parquer le
lièvre. Il existait de ces « clos de lièvres » chez les Perses de
Darius, chez les Grecs et chez les Latins. Ceux-ci les appelaient *leporaria*, et tous les grands patriciens de Rome en
possédaient. Philippe-Auguste introduisit cet usage en
France. Ce fut lui qui fit entourer de murs le parc de Vin-
cennes, où il n'y avait pas que des lièvres, mais des cerfs,
des chevreuils, des sangliers. Cette mode se continua jusqu'à
la Révolution. Celle-ci nivela les domaines, brisa les clôtures.
Il ne subsista plus chez nous que quelques-unes de ces réserves, comme Chambord par exemple. En d'autres pays,
tels que l'Angleterre, l'Allemagne, on a été plus avisé et l'on

a vu de grands seigneurs développer leurs parcs de lièvre
pour faire le commerce de ce gibier et en tirer de beaux bé-
néfices. De nos jours, certains propriétaires s'entendent sagement pour maintenir leur gibier dans de raisonnables proportions et exercent sur lui une surveillance protectrice en
n'accordant l'accès de leurs chasses privées qu'à un petit
nombre d'amis dont ils sont sûrs. Ajoutons toutefois que l'art
de conserver et de multiplier le lièvre en liberté ne va pas
sans souci et sans difficulté et que pour y réussir il faut avant
tout un garde aussi excellent que consciencieux.

La chasse du lièvre remonte aux âges les plus lointains,
mais nous ne savons guère comment les anciens la prati-
quaient, que par la *Cynégétique* de Xénophon, qui est un
manuel du parfait chasseur. Xénophon était un sportsman
athénien, riche, pouvant donner satisfaction à ses goûts les
plus dispendieux; il aimait les chevaux et les chiens, et il
chassait le lièvre. Après Xénophon, l'historiographe de la
chasse est Arrien, qui apprit à poursuivre le gibier dans les
Gaules. Quant aux Romains, ils chassaient le lièvre à cheval
et avec des lévriers. Virgile nous le dit dans ses *Géorgiques*.
Sous la république romaine, époque où l'on vivait plus au
forum qu'ailleurs et où les discussions de la tribune popu-
laire tenaient tous les esprits absorbés, la chasse au lièvre
fut délaissée, sauf par quelques amateurs comme l'orateur
Cicéron. Sous Auguste, on y revint et les parcs se repeuplè-
rent de gibier.

Chez nous, nos rois fainéants, mérovingiens, tenus en
laisse par leurs maires du palais, étaient trop mous pour

faire la battue dans les plaines et les bois, et le seul roi
de cette dynastie qui chassa jamais un lièvre fut Childebert,
mais il n'en chassa qu'un et le manqua, le compère s'étant
réfugié auprès d'un saint ermite. Les Carlovingiens, plus re-
muants, plus batailleurs, se livrèrent à la chasse, mais ne
prenaient plaisir qu'à traquer l'ours, le sanglier, le cerf. Charlemagne fut au nombre des Nemrods. Il allait en forêt, à pied,
l'épieu au poing et plus d'un ours tomba sous son couteau.
Il ne chassa toutefois pas le lièvre. Sous ses successeurs, la
féodalité, redevenue puissante, rétablit les meutes de lévriers
et y joignit les fauconneries. Le lièvre fut alors bien peu
laissé en repos. Les Capétiens, plus pacifiques, ne le tourmen-
tèrent guère. Jusqu'à Louis XI, le roi, les princes et les grands
seigneurs avaient seuls le privilège de chasser. Le roi de
Plessis-lès-Tours octroya la même permission à la petite
noblesse, et les gentilshommes de moyen étage prirent le nom
de *fesse-lièvres* ou de fusiliers de *lièvre* par opposition aux *ho-*
bereaux qui ne pouvaient prendre de gibier qu'avec le faucon.

L'art de la chasse commence à atteindre la perfection
à l'avènement de Louis XII. Sous ce règne, la faucon-
nerie se développe, le dressage s'organise, l'éducation du
chien couchant devient une école savante et l'on va jusqu'à
enseigner aux loutres à pratiquer la pêche. François Ier,
que l'on a surnommé le *Père des veneurs* de même que le
Père des lettres, se fit comme chasseur une réputation sur-
faite. Ses qualités cynégétiques furent beaucoup au-dessous de
celles de Henri IV et de son fils Louis XIII, quoique ce dernier fit plus de cas de ses faucons et de ses chiens que des

lièvres et des chevreuils. Louis XIV chassait le lièvre en perruque, en carrosse, en bas de soie et en souliers à nœuds.
Louis XV ne l'imita point, mais s'adonna à d'autres plaisirs
royaux. Louis XVI, avant la Révolution, s'occupait comme
passe-temps de serrureries, et la première République sup-

Défaut.

prima les veneurs. Le chien de chasse rentra au chenil. Il
n'en sortit qu'avec Napoléon Ier qui rétablit la grande vénerie et les meutes de chiens de lièvres. Les Bourbons de la
Restauration, Louis XVIII, Charles X, eurent leurs équipages. Les d'Orléans et Napoléon III ne chassèrent que le cerf.
Les Présidents de la troisième République ont rouvert les
courres du passé ; mais le lièvre a cédé la place au chevreuil.

Chaque époque a eu, dans ces conditions, ses goûts de
gibier préférés, mais on ne peut nier que chaque fois que
la chasse au lièvre est revenue en crédit, on est retourné aux

vrais plaisirs cynégétiques, à ceux qui offrent le plus de mouvement et de pittoresque.

Il n'y a en effet pas de chasse plus variée que celle du lièvre : chasse au chien d'arrêt, chasse à tir au chien courant, chasse à courre, à forcer, chasse en battue, chasse à l'affût, chasse aux lévriers, chasse à l'autour. Ces trois derniers modes ne sont plus pratiqués en France : l'affût parce qu'on l'y trouve indigne du chasseur ; le lévrier qui n'est pas interdit absolument, mais qui devrait l'être ; et l'autour qui est ravissant et que l'on a eu le tort de laisser tomber dans l'oubli.

La chasse à tir au chien d'arrêt est, en ce qui concerne la poursuite du lièvre, la plus en usage. Elle commence à l'ouverture, en même temps que celle du perdreau, mais le chasseur expérimenté ne tire à ce moment que quelques levrauts, pour se faire la main, et attend l'automne et l'arrière-saison. Cette chasse à tir demande avant tout le choix d'un calibre de plomb convenable, proportionné à l'état de la grosseur du gibier, ensuite une connaissance exacte des distances à observer. Faute de les connaître, on perd beaucoup de butin. Le tir du lièvre est relativement facile. Il faut le toucher en flanc ou en tête. Lui lâcher la charge dans l'arrière-train ou suivant une expression usitée entre chasseurs, le tirer en cul, est mauvais, parce que cet arrière-train est un sac à plomb. Mieux vaut, si c'est possible, lui envoyer la charge entre les deux oreilles et la nuque. Le tirer en tête est défavorable parce que le chasseur a dans ce cas le vent dans la figure, le lièvre marchant droit sur lui.

La chasse du lièvre à tir avec des chiens courants est bien

autrement passionnante que celle dont nous venons de
parler, et l'on a eu raison de la comparer à un mélodrame.
« L'action, dit encore A. de la Rue, se passe dans la plaine,
au bois, sur les coteaux, dans la montagne, par un beau soleil d'octobre ou après une belle gelée blanche de novembre.
Le grand maître de la nature s'est chargé des décorations,
les toiles peintes du grand Opéra n'en seront jamais que de
très imparfaites imitations. La pièce est remplie de scènes
émouvantes telle que le lancer, la vue, le débouché, le retour, le saut de la route, le prolongement sur les sentiers
et les chemins; si les acteurs sont bons, s'ils ont de belles
voix, les chasseurs éprouvent d'indéfinissables sensations qui
touchent aux béatitudes célestes. Le choix des acteurs a une
très grande importance. Je connais des directeurs qui pré-
fèrent les bassets à jambes droites ou à jambes torses aux
briquets, aux chiens de taille et plus vites. D'autres mettent
au-dessus de tous le briquet d'Artois de seize à dix-huit
pouces; ce sont ceux-là que j'aime le mieux. Avec quatre-
vingts de cette espèce, lorsqu'ils ont de la gorge, un chef
d'orchestre qui les oblige à ne pas faire entendre de fausses
notes, à jouer en mesure, on est à peu près sûr du succès;
mais ce guide, ce chef qui remet dans le droit chemin ceux
qui s'en écartent, est tout à fait indispensable; il faut l'avoir,
il faut le faire : sans *chien de tête,* pour l'appeler par son véritable nom, on éprouve peu de satisfaction.

« De tous nos plaisirs sportifs, il n'en est point qui pro-
cure autant d'agréments variés et à si peu de frais? Il y a de
tout dans ce genre de chasse, on y éprouve les émotions du

tir réunies à celles de la chasse à courre. A l'avantage d'un beau coup de fusil, récompense de l'habileté de vos manœuvres, d'autant plus estimé, envié, que l'occasion s'en présente plus rarement, à l'espoir tantôt déçu, tantôt renaissant, selon que la voix des chiens se rapproche ou s'éloigne, enfin à tous les charmes d'une belle menée, de ces bouffées d'harmonie que nous apporte le vent, si nous ajoutons l'incomparable spectacle du *débucher,* dites-moi franchement dans quelle circonstance de votre vie vous avez été plus heureux?

« Le débucher s'annonce par une musique particulière, nos artistes jouent sur un autre ton, leurs voix sont plus claires, plus éclatantes. Courons à la lisière de la forêt, arrêtons-nous sous ce gros chêne. Il est fort agréable assurément d'être moëlleusement assis dans un bon fauteuil à l'Opéra, d'entendre la musique du *Freischutz* de Weber. Eh bien, tout cela ne vaut pas la place sous mon arbre d'où j'assiste à la plus délicieuse des représentations.

« Miraut est en scène, il rapproche le lièvre qui s'est flâtré dans un sillon, le voilà qui repart, tout le monde fait chorus; quelle musique, quelle harmonie!... La chasse disparaît dans un pli du terrain, c'est la première randonnée du lièvre; il la fera vivement et sans beaucoup de ruses; la vue est bonne, ça marche grand train, ne perdons pas une minute pour reprendre nos places. Pan! Voilà mon voisin qui a fait des siennes, il a blessé le lièvre.

« Tant mieux! les chiens vont le prendre, c'est une bonne leçon, nous le leur laisserons manger... Mais quelle triste chute de rideau! Je suis encore à me demander pourquoi avec de bons chiens nous avons recours au fusil, à la chasse du lièvre.

« La chasse à tir aux chiens courants si amusante est d'une simplicité merveilleuse ; une corne d'appel dans sa poche, un ou deux couples de chiens, un gamin, un garde pour les conduire, c'est tout l'appareil qui n'a rien de dispendieux. Bien des chiens n'ont pas besoin de guide, il suffit de les sortir de la voiture, de les découpler à l'entrée des bois, et de les laisser faire, ils connaissent leur besogne. Le jour de solennité, on réunit les chiens à ceux des amis, pourvu qu'ils soient du même pied ; la musique n'en est que plus belle et les plaisirs de la journée n'en sont que plus vifs. »

« Le lièvre a été mis au monde pour être chassé à courre, et les plaines et forêts n'existent que pour donner ce spectacle à ceux qui en sont dignes. » Ainsi s'exprime un vieux courtisan de Louis XIII qui voulait se rendre agréable au roi pour obtenir de lui une charge de grand veneur. Sans partager cette opinion et sans croire que la nature a fait les plaines et les bois pour le gibier, et le gibier pour l'homme, on ne peut nier qu'en France surtout la chasse à courre du lièvre est d'un intérêt puissant, à cause de nos futaies bien percées, qui permettent aux chevaux de galoper dans des espaces suffisamment larges et sans obstacles. Cependant les Anglais, tout en reconnaissant la bonté de nos terrains de chasse, ceux de Normandie par exemple vantent la supériorité de leurs exploits à courre sur les nôtres et ils en donnent pour raison que nous avons de moins bons chevaux qu'eux et de moins bons chiens. Ils vantent par-dessus tout leurs *harriers* dont on ne peut mettre en doute les mérites, et ils soutiennent que leurs chasseurs sont plus bouillants, franchissant sur leurs purs sang palissades, murs, haies et fossés, passant les rivières à la nage, et ne s'arrêtant que lorsque le lièvre est sur ses fins, ne s'intéressant au reste que médiocrement au gibier lui-même puisqu'ils le donnent tout entier à la meute. Laissons ces vanités de clocher à ceux qui y trouvent leur contentement et bornons-nous à dire que les Anglais élèvent mieux que nous et savent faire une race, qu'il n'y a point de cavaliers plus hardis, que les chiens destinés par eux à la chasse du lièvre, ne vont qu'au lièvre, et que ces avantages se constatent dans les résultats obtenus ; mais ajoutons que nous avons tout autant d'entrain et quelque chose de plus qui est la promptitude dans l'exécution des résolutions. Aussi une chasse conduite par un veneur français sera-t-elle toujours plus brillante.

Malheureusement les laisser-courre de lièvre deviennent de plus en plus rares en France, et le moment n'est sans doute pas éloigné où le dernier veneur sonnera le dernier hallali. Les raisons de ce délaissement de la plus intéressante des chasses à courre sont complexes et l'une des principales est que la propriété se morcèle, que les petits propriétaires ne veulent pas qu'un équipage passe sur leurs champs, même en s'engageant d'avance à payer les dégâts.

La chasse à courre du lièvre est du domaine de la vénerie, et les règles en étaient autrefois longuement établies. On les a simplifiées, de nos jours, en respectant toutefois celles qui sont de rigueur. Assistons aux différentes manœuvres qui caractérisent ce sport. Voici le piqueur qui, suivant la mé-

thode anglaise, mène les chiens sans les coupler et les appelle
le fouet haut, sans perdre de vue aucun d'eux : *Aho! Aho!
Aho!* Il les tient près de lui derrière son cheval. Deux gamins battent la plaine. Il est convenu que lorsqu'ils auront
fait partir un lièvre, ils lèveront leur casquette. A ce signal
on avance avec les chiens et le piqueur (on dit familièrement
piqueux) leur fait goûter la voie du gîte en disant : *C'est*

Collés à la voie.

de l'y, valets, c'est de l'y, mes beaux! Ils vont s'élancer, mais
leur ardeur doit être modérée : *Bellement, chiens, tout belle-.
ment.* Ils comprennent le piqueur, qui leur parle affectueuse-
ment et par instants accompagne sa voix d'un son de trompe.

Le lièvre perce en avant jusqu'au moment où, pour déjouer la poursuite, il exécute un circuit, ou, suivant l'expression adoptée, une « randonnée ». Le piqueux, de nouveau,
retient la fugue de la meute, et la « raccourcit ». La ruse
du gibier ne sert point à celui-ci : le chien de tête l'a dans le
nez, et le suit à son odorat. Serré de près, le fugitif repasse
directement sur la route ou voie qu'il a suivie déjà. C'est ce

que l'on nomme « doubler ses voies » et dans ce cas il y a « hourvari. » Les chiens perdent un moment la piste et cessent de chasser : il y a « défaut », mais le piqueux les ramène. Si la voie est « chaude » et garde bien le fumet du lièvre, très souvent le chien de tête la retrouve « en reprend », et alors on rallie les autres à lui en leur criant : « A-o-coute! valets! a-o-coute! » Ils repartent avec une ardeur nouvelle.

Le compère est malin, il est entré dans une sente sablonneuse où son pied ne laissera pas de trace, il l'espère du moins; et en effet, on croirait qu'il a disparu, car voici la meute pour la seconde fois éconduite. Encore un défaut! Le relèvera-t-on. Peut-être, si l'on ne laisse pas au lièvre le temps de prendre son contre-pied, c'est-à-dire de se jeter à droite ou à gauche. Plus probablement il s'est couché dans un sillon pour se dissimuler, il s'est « rasé » ou bien encore il « flâtre » en se remisant dans un buisson ou une ornière. Il importe qu'on ne lui donne pas l'occasion de « forlonger », de prendre une trop grande avance sur les chiens.

Le piqueux s'assure que le rusé stratégiste n'a pas quitté son circuit, son enceinte, pour cela il la foule avec soin, n'oubliant aucun recoin, puis tout à coup il l'aperçoit « Vloo! » C'est l'appel adressé au chien de tête qui a entendu le son de trompe.

Mais nous ne sommes pas au bout des péripéties. Le lièvre est découvert; mais, reparti à temps, il laisse la meute derrière lui. Voici qu'il traverse un troupeau de moutons, et cette rencontre lui cause une grande joie, car il se persuade qu'en frôlant du pied le chemin où ils ont passé il « empoisonnera » sa voie et « gâtera » le nez des chiens. Ceux-ci en sont un moment la dupe : troisième défaut. Toutefois il n'est pas de longue durée. Le chien de tête en reprend encore : « Rapproche, mes beaux, il va là, rapproche! » Mais ici, autre incident, un carrefour se présente. Par où se diriger? Faut-il faire revenir les chiens sur la voie déjà parcourue, « reprendre son arrière », ou au contraire, rechercher la piste du côté où le lièvre avait la tête tournée « prendre les devants. » La décision doit être prompte, car en attendant l'autre fait du chemin, « routaille ».

Un des chiens, sachant que le bouquin est inventif en artifices et peut donner le change, a de lui-même pris les grands devants. Manœuvre excellente. Là bas, on a le lièvre « à vue », il se montre à découvert. La meute fond en avant, on va le saisir. Erreur. Il descend vers le ruisseau, le franchit, entre dans la plaine, tous les chiens après lui.

Il s'est mouillé dans la prairie, il est crotté. On le reconnaîtra maintenant quoi qu'il fasse. Ce n'est pas dit. On en a vu qui, en sortant de la remise où ils se sont relaissés, étaient si complètement nettoyés que l'on se disait : « Celui-là, n'est pas le nôtre, mais un lièvre frais qui intervient pour relayer son compagnon. » Méprise nouvelle. Le bouquin sur ses fins est plus madré que jamais. Il a quitté le taillis, et le voilà courant sur la route empierrée en pensant sans doute : « Ils s'y gâteront les pieds plus vite que moi. » Il comptait trop sur cet expédient. et, les chiens ne se lassant point, il en imagine un autre, revient vers le ruisseau, le franchit encore, rentre dans la prairie, se dérobe, retourne à la remise. Il est efflanqué, fatigué à l'excès, fait le gros dos, ou, suivant le mot usité, « porte la hutte. » Il a été très malmené, le voici évidemment sur ses fins? Pas encore.

Dans la remise il peut se trouver un autre lièvre que jusque-là l'on n'a pas chassé. Les deux compères parlent un vocabulaire laconique : tout un discours en un mot. Ils s'entendent. L'autre lièvre sort à la place du premier et le « lièvre frais » part sous le nez des chiens, qui s'emballent dessus. « Fi de ça, drôles! fi, derrière, mâtins, derrière! » Le piqueux doit imposer son autorité, on finit par lui obéir, et quelques coups de fouet au besoin arrêtent les récalcitrants sur-le-champ. La meute repart dans une autre direction excitée par la trompe qui sonne le bien aller. On dirait qu'ils sont à bout de voie. Un coup de gorge de l'un d'eux dément ce soupçon, mais où donc est-il enfin, ce lièvre? Ne serait-ce pas un sorcier? A la voix du chien les autres sont accourus, tous entourent une charrue restée sur le champ. Le bouquin s'était blotti dessous, il risque une sortie. Imprudence fatale. Il est saisi par l'oreille, c'en est fait. Victoire. Hallali !

On empêche la meute de faire immédiatement la curée, en criant : « Au retour! au retour. » Le piqueux s'approche du bouquin achevé d'un coup de dent par celui qui le tenait, coupe le pied droit de l'animal et l'offre à la personne à qui l'on veut faire le plus d'honneur. Alors on sonne la fanfare du lièvre pendant qu'on découpe la victime. On laisse approcher les chiens, on les emmène encore, enfin le piqueux baisse son fouet en criant «Hallali! chiens, hallali. » C'est le festin des vainqueurs.

Louis XIII ne chassait pas lui-même le lièvre à courre, mais il en mangeait volontiers et il a même laissé une recette pour l'accommoder :

« Mettez votre lièvre à la broche, dit le roi, avec peau et poil ; quand la peau est bien séchée, flambez le poil, comme on fait au cochon. Puis prenez deux pelles rougies au feu alternativement, placez du lard dessus et laissez-le fondre en égouttant sur le lièvre pendant qu'il tourne sur le feu, et continuez jusqu'à ce que vous puissiez enlever la peau (sans vous brûler les doigts), oignez de lard fondu, ensuite de vinaigre, et servez chaud avec la sauce que vous voudrez. »

Cette recette royale vaut-elle mieux que celle de J. Lebas qui la mit en musique et en vers pour Louis XV ?

Un levreau pour bien faire
D'abord dépouillerez,
Gardez la peau qui vous est nécessaire
Car, à la broche, vous l'en couvrerez.

De gros lardons sur l'heure
Le levreau faut barder
Le farcir d'une farce la meilleure,
Le coudre que rien ne puisse échapper.

Que la peau l'on remette
Puis des bardes de lard,
Ensuite avec du fil et cordelette
On y fait, du papier, un bon rempart,

Étant cuit, on déchire
La peau tout de son long
La rémolade est la sauce qu'il désire
Ou bien l'essence de jambon.

Voilà les vers, voici la musique, ceci valant cela :

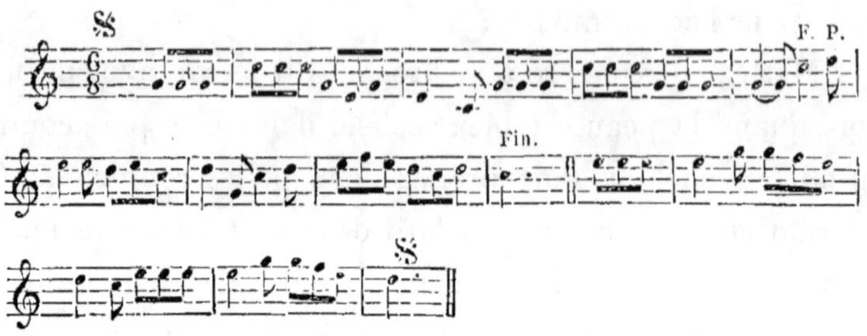

La chasse au lapin est moins banale qu'on serait tenté de le croire. Autrefois elle était même plaisir princier. Un de ses attraits principaux est l'emploi du chien terrier ou bien du furet. Tous deux sont passés maître en cet art et la défense que leur oppose le pauvre Jeannot devrait être certainement digne d'un meilleur sort.

Le lapin a moins de tours dans son sac que le lièvre, mais il n'est pas dénué de stratagèmes. Le chasser au chien courant n'exige, à vrai dire, ni grande expérience, ni grand talent, mais encore l'intelligence dont le petit animal fait preuve en cette occasion est-elle curieuse à observer. En voici deux qui viennent trottiner sur l'herbette en partie de plaisir. Ils vont à petits sauts sous les arcades fleuries et ne se doutent point du danger qui les menace. Tout à coup ils dressent la tête, tendent l'oreille et leur œil rouge demeure immobile dans son orbite. Ils ont entendu un cri, et, quoique jeunes, ils ne s'y trompent point. L'instinct leur a appris le langage de leur ennemi. La voix qui vient de les terrifier

est celle d'un basset, dont la gueule aura été sans doute mal
bouchée. Aussitôt les deux camarades se séparent, chacun
ne s'occupant plus que de sa propre destinée, et tous deux se

Méditation.

persuadent d'ailleurs fort vite qu'ils n'auraient rien à espérer
d'une assistance mutuelle. Contentons-nous de suivre l'un
d'entre eux, car l'autre répète à peu près le même manège.

Il tourne sur place, en enfilant tous les petits sentiers qu'il
a tracés dans les hautes herbes ; il s'arrête à chaque instant

pour saisir l'approche des chiens, puis il repart en frappant fortement la terre de ses deux pieds de derrière. Pendant des heures entières, il se meut dans cette même enceinte, bois ou bruyère. Il rôde autour d'une cépée, s'accroupit, puis se remet en route, tâchant de donner plus d'élan à son trot; sa course est en réalité très rapide; elle égale et dépasse même celle du lièvre, mais malheureusement il n'a pas la force de la soutenir. Aussi est-il rare qu'il se hasarde en plaine. Il serait inutile de l'attendre sur la lisière, il n'y viendra pas. Il ne dépense toute sa vitesse que dans les endroits couverts, sur les clairières, dans les gaulis. Quand il se sent trop pressé, il a recours à sa dernière ruse et entre dans son terrier. Alors commence une véritable lutte héroïque. Le lapin est terré. Que le chien aboie, s'arrête, gratte la terre avec fureur, s'il n'y avait d'ennemi que lui, l'asile serait inviolé, la forteresse inexpugnable. Mais le chassé a pour adversaire l'homme plus ingénieux que le chien.

Le lapin a depuis longtemps préparé ce refuge où il vient de rentrer. Ce n'est pas seulement une citadelle ordinaire, c'est un ouvrage de défense qu'un Vauban n'aurait pas rougi de construire et dont les plans sont dressés avec une rare entente de la stratégie; il a ses cheminements, ses casemates, ses défilements, ses passages couverts, ses gorges, ses araignées, ses corridors, ses issues ménagées au loin. Désormais pour vaincre, l'homme doit avoir recours de son côté à la ruse et appeler à son aide un auxiliaire doué à la fois de courage et de sagacité : c'est le furet.

Ce vaillant est un sybarite. Il aime ses aises, et lorsqu'il n'est point au combat, il dort. Aussi faut-il le réveiller, comme Alexandre avant Arbelles ou Napoléon à Austerlitz. Il n'irait, du reste, point de lui-même à la bataille, préférant à tout le *far niente*. C'est pour cela qu'on le *porte* sur le théâtre de ses exploits. On l'enferme dans un sac de toile grise, au fond duquel on met un petit lit de mousse et de foin ; deux petits trous bordés d'un point de boutonnière et tout juste assez grands pour laisser passer le museau du furet sont pratiqués dans le sac.

Le lapin songe en son gîte, il n'en sort point, car il a vent du chasseur, quoiqu'il n'entende plus aucun bruit. D'ailleurs les aboiements du basset le rappellent à la prudence au premier pas qu'il veut faire pour mettre le nez dehors : il se dit qu'il a tout le temps et vingt issues pour une. Il ne se doute pas que l'homme les a toutes coupées en les garnissant de bourses ou de poches, ou en les bouchant avec de la terre, des branches, des pierres. Soudain il entend un son qui ne lui est pas familier, et avant qu'il ait eu le temps de se recueillir, il voit fondre sur lui un ennemi nouveau, imprévu.

Fuyant devant cet adversaire qui annonce ses intentions par l'impétuosité de son attaque, le lapin va se jeter dans la bourse où il s'enveloppe. S'il trouve quelque sortie encore ouverte, il frappe la terre et s'élance avec une rapidité telle que parfois, mais rarement, il échappe au chasseur. D'autres fois il refuse de sortir, se tient dans un accul, se laisse gratter pendant des heures entières et même étrangler plutôt que de partir. Quant à la bravoure du furet, c'est surtout une furia. Il se rebute vite, et s'il ne parvient pas à déboucher immédiatement le lapin, il se couche, et s'endort dans ce terrier qu'il faut alors défoncer, ce qui n'est pas facile. Aussi lui attache-t-on un grelot au cou pour que l'on soit averti des péripéties de sa campagne.

Matinée d'hiver.

CHAPITRE XI

LA GRANDE VÉNERIE
LE CERF
LE CHEVREUIL

Je ne vous exposerai pas ici dans ses détails l'*art de la vénerie*. On ne l'acquiert que par la pratique et aussi par la lecture des grands ouvrages qui font autorité. Les deux meilleurs sont encore aujourd'hui celui de

Jacques du Fouilloux qui date de 1561 et celui de Robert de Salnove qui fut imprimé pour la première fois en 1655. Je me bornerai à passer rapidement en revue quelques points qui vous en donneront une idée générale.

La vénerie est la chasse des bêtes fauves, cerfs, daims, chevreuils, et aussi des bêtes noires, nom que l'on donne aux sangliers. Le chien courant dressé à quêter et à détourner les grands animaux s'appelle *limier*. Celui qui avec son aide foule, c'est-à-dire bat pied à pied le terrain de chasse pour lancer ou mettre debout l'animal à poursuivre, se nomme le *valet de limier*.

Le limier doit être choisi avec un soin tout particulier : il faut qu'il ait la robe sombre, la vue perçante, le nez fin ; qu'il soit solidement bâti pour pouvoir remplir son rôle. Les chiens à qui l'on confie cette tâche ne sont pas faciles à dresser et l'on y emploie souvent trois années consécutives avant d'achever leur éducation, celle-ci ne pouvant se faire que lentement, progressivement, en évitant de lasser la patience de l'élève, qui, au lieu d'être docile, peut devenir volontaire, irascible, intraitable, et n'écouter que son instinct. Il arrive en effet que le limier se prend d'une telle aversion pour la bête noire, par exemple, que tout ce qu'on imagine pour réagir contre cette antipathie est infructueux. Dès qu'il a éventé le sanglier, il se réfugie immédiatement derrière son valet de limier, comme fait un épagneul qui a marché sur une vipère, et il reste immobile, atterré.

Le *valet de limier* est un homme de confiance et d'expérience, très instruit en son métier. Celui-ci, sous des apparences de simplicité, présente des difficultés réelles, car il s'agit de déterminer l'âge de la bête sans la voir et de connaître si c'est un mâle ou une femelle. Autrefois, les valets de limier apprenaient d'abord théoriquement leur art, sous des maîtres savants. Ils méditaient longtemps sur les livres de vénerie et n'étaient admis à tenter l'application pratique de leurs études que lorsqu'ils avaient pénétré tous les secrets de la grande chasse.

Les grandes forêts, Fontainebleau, Compiègne, Chantilly, étaient jadis sous les rois le rendez-vous habituel des chasseurs. Elles étaient divisées en cantons dans lesquels on chassait alternativement. Les veneurs avaient charge d'explorer les cantons pour la quête, c'est-à-dire pour savoir exactement le gîte des animaux rembûchés et principalement des cerfs.

La forêt était entourée, comme encore aujourd'hui, de champs, où l'animal, sûr d'être aussitôt découvert, ne se risquait point. Elle était intérieurement partagée en massifs de futaies, coupés à angles droits ou aigus par de larges routes. Plusieurs de ces enceintes constituaient un canton. Le cerf n'en pouvait sortir qu'en laissant dans la plaine ou sur les chemins séparant l'enceinte la trace de ses pas. Les valets de limiers, qui, dès le point du jour, faisaient la battue, avaient pour rôle d'examiner ces traces qu'en langage de vénerie on appelle *voies*. Hommes et chiens sachant leur métier, il importe de pouvoir établir, d'après la voie, l'allure des animaux rembûchés ou rentrés dans les bois. La voie, suivant qu'elle est de la nuit ou de la veille, exhale une odeur différente, car le pied des bêtes, cerfs, daims, chevreuils, sangliers, laisse après lui un évent, une senteur particulière et distincte.

Le cerf ne sort de forêt que la nuit et a peur de l'homme. Il va viander, paître en plaine, et dès la plus petite pointe du jour, il cherche l'ombre et la sécurité dans l'épais taillis, où il a sa reposée et dort pendant la journée. Le valet de limier qui « rentaille » ou suit la bête avec son chien, doit la quêter de pas à pas, de chemin en chemin, d'enceinte en enceinte, car il doit rendre compte de sa battue au premier piqueur, qui l'attend à l'*assemblée* où est le rendez-vous général, et, comme il ne peut rien affirmer qu'après avoir *vu par corps*, c'est-à-dire qu'après avoir eu sous les yeux les preuves de ce qu'il annonce, il doit en avoir *revu*, terme de vénerie qui signifie reconnaître la force, le sexe et l'âge de l'animal par ses marques.

Les marques du cerf sont avant tout la *fumée* ou la fiente de la bête. Les fumées sont de trois sortes : *formées* (vieilles ou ridées), elles annoncent que la fuite, le passage date de longtemps; *en troches* ou témoignant d'une nourriture mal digérée, elles proviennent d'un *daguet* (cerf de deux ans); en *plateaux* (rondes et plates), elles accusent la présence d'un cerf de six ou sept ans. La *fumée* trouvée, le valet de limier s'empresse de la ramasser, l'examine attentivement, la dissèque en quelque sorte, et dans certains cas la goûte sans répugnance. Si plusieurs valets de limiers se trouvent réunis, la *fumée* passe de mains en mains, et il arrive que dans une discussion où la vue et le toucher ne suffisent pas, elle disparaît tout entière au « goûter ».

Le pied du cerf est également une marque. Il se compose de trois parties : les *pinces* ou extrémités antérieures, le *talon,* partie postérieure, les *côtés,* formant la circonférence. Celui du mâle est essentiellement différent de celui de la femelle, surtout à partir de trois ans. La biche l'a plus étroit, plus pointu, les os tournés en dedans.

Le jeune cerf jusqu'à six mois s'appelle *faon.* Il change ensuite de livrée, sa robe se parsème de taches blanches, et il prend le nom de *hère,* qu'il garde jusqu'à un an. C'est le moment où commencent à se dessiner les *pivots* ou bosses du front, qui serviront de bases à sa parure. Celle-ci s'embellit d'année en année, en accentuant successivement les bois ou cornes dont l'ensemble forme la *ramure.* Jusqu'à deux ans, les bois sont droits et présentent l'aspect de dagues. C'est pour cette raison qu'à cet âge on le nomme *daguet.* A la troisième année, les dagues se détachent ; sur les deux pivots pousse une seconde protubérance ou *tête,* et l'animal est dit alors une *deuxième tête.* Cette protubérance s'orne de trois à quatre branches appelées *andouillers.* De trois à quatre ans il est *troisième tête,* de quatre à cinq *quatrième tête,* de cinq à six *dix cors jeunement,* de six à sept *dix cors.* Plus tard, il sera *vieux dix cors* ou *grand* ou *gros vieux cerf.* Des andouillers réguliers constituent une *tête parfaite;* s'ils sont mal semés la tête est *bizarde.*

Quand le valet de limier a la certitude que la bête est au ressui, qu'elle s'est retirée pour se sécher après la pluie ou la rosée, qu'elle est dans son rembûchement, dans son *fort,* gîte ou buisson, il saisit une petite branche à laquelle on donne le nom de *brisée;* il relève à terre les empreintes laissées par l'animal, puis, prenant la petite branche entre le pouce et l'index, il la plie vivement, la casse net, détache l'écorce qui la retient encore et pose la brisée du côté où la bête dont il veut signaler la piste avait la tête tournée. C'est ce que l'on appelle la *brisée basse.* S'il craint que le vent n'emporte ces signes de reconnaissance, il se borne à casser la branche et à la laisser pendre : c'est la *brisée haute.*

Les cerfs, les chevreuils, les daims sont en général sédentaires. Lorsqu'ils ont fait choix d'une localité, il est rare qu'ils l'abandonnent. Comme ils redoutent beaucoup les intempéries, ils se tiennent dans les endroits frais et ombragés, cherchant le voisinage des arbres pour s'abriter lorsqu'il pleut et se mettant au ressui dans des lieux plus découverts lorsqu'il fait beau, mais toujours sans s'éloigner du canton de prédilection. Aux endroits où ils s'arrêtent, ils grattent la terre et ce sont ces traces ou *régalis* qui permettent de reconnaître, d'après les pinces plus ou moins tranchantes, fermes ou serrées, si l'on a affaire à un *faon* ou *brocart,* à un *hère,* à un *dix cors* ou à un *grand vieux cerf.*

De peur que son limier ne mulote, le valet le mène toujours en laisse, et pour l'empêcher d'aboyer il le tient de court. Au moindre coup de gorge que le chien voudrait donner, il le gronde en appuyant sa parole d'une saccade, car il n'ignore pas que si le cerf a vent de la battue, il sera difficile de le reprendre ensuite. L'animal, se croyant déjà poursuivi, appellera en effet à son secours tous ses moyens, toutes ses ruses, suivra les cours d'eau dans leur partie submergée, franchira les fossés afin de faire perdre sa voie, se blottira le long du rivage ou derrière une souche d'arbre, en ne laissant passer que le bout de son museau dissimulé au milieu des branches et percera en avant dès qu'il croira avoir vu le limier « en défaut ».

Il franchit les fossés.

Lorsque, à l'assemblée, il a été reconnu que l'on a vu un cerf *courable* ou *chassable,* on en fait le rapport au maître de l'équipage.

Voilà d'un beau cerf dix cors
Que je *m'escroy* détourné en tels forts.

Décision est prise de laisser courre. Chevaux et chiens sont expédiés à la *passée du cerf,* c'est-à-dire à l'endroit qu'il choisit d'ordinaire pour aller en plaine la nuit. Les veneurs se rendent à la brisée. Les piqueurs à cheval pénètrent au plus épais du taillis, suivis de cinq ou six chiens, et prêts à lancer l'animal. On donne du cor. La meute, excitée par le bruit, *empaume la voie* du cerf. D'abord ce sont des abois isolés, puis très rapidement l'accord se fait, on n'entend plus qu'un unisson d'aboiements sonores, fréquents, prolongés.

Le cerf surpris bondit devant les chiens, vide l'enceinte, saute une route, rentre dans une autre enceinte, et fuit ainsi éperdu à travers la forêt.

Un grand vieux cerf qui a neuf ans ou un grand cerf de huitième année ne se borne point à folâtrer, c'est-à-dire à éviter les chiens, en hâtant son erre ou sa marche; il connaît toutes les ruses, et ce n'est pas lui qui se laissera prendre aux allures d'un *estelaire* ou cerf apprivoisé, qu'on envoie dans les bois pour en ramener d'autres. Il ne s'attarde point à chercher un refui, mais après une randonnée, il va trouver une herpaille, troupe de biches avec leurs faons et jeunes cerfs, qu'il invite à l'accompagner et qu'il laissera très habilement à sa place, pour donner le change aux chiens. Il leur échappe s'ils bricolent en suivant mal la voie; mais s'il y a beau revoir, quand la terre est humide et garde facilement l'empreinte du pied de l'animal, les limiers font des efforts pour s'avancer de son côté en tirant sur le trait, et continuent de le chasser. Alors le grand cerf, se fiant à sa vigueur, débouche en plaine et gagne d'autres bois. Au contraire le jeune cerf de trois ou quatre ans ne quitte guère la forêt, s'y fait battre et revient généralement, après avoir brossé ou passé à travers les taillis les plus épais, à son premier refait.

Dès que le cerf a quitté l'enceinte où il avait cherché un refuge, le courre, la chasse commence. Le veneur découple les chiens attachés deux à

La fuite.

deux et formant la vieille meute. Celle-ci est renforcée par le relais ou chiens de rechange, qui donnent quand le cerf paraît à leur portée.

Toute la meute, collée à la voie, acharnée à sa proie, suit dès lors la menée en forêt, sur les monts, dans les eaux, dans les plaines, traquant la bête, gravissant où elle gravit, sautant où elle saute, nageant où elle nage, ne se laissant arrêter par aucun obstacle, ne cédant à aucune fatigue, tenant bon pendant quinze lieues, s'il le faut, et au delà jusqu'à ce que, enfin, après trois ou quatre heures de cette poursuite, véritable agonie pour le cerf, celui-ci, affolé par les aboiements, par les sons du cor, épuisé de fatigue, tombe mort, se jette dans un étang où il se noie, ou bien, héroïque jusqu'au bout, se retourne contre la meute, lui tient tête en se défendant à coups d'andouillers et met parfois hors de combat hommes, chiens, et chevaux (1). C'est le moment suprême, celui que ne voudraient perdre pour rien au monde les cavaliers qui ont suivi de près la meute et les piqueurs. Le cerf va mourir, le cerf se meurt. Et l'hallali annoncera sa mort.

La chasse est finie, la curée commence. On dépouille la bête, on l'éventre, on la dépèce. Le pied est offert à la dame que le maître de l'équipage veut honorer de ce présent. Les quartiers de venaisons ont réservés pour la table. Le reste est enroulé dans la peau, et l'animal ainsi figuré vivant est remis en son gîte. Le piqueur sonne la vue et la meute fait ripaille.

Les bois, les andouillers du vieux cerf forment le trophée de la chasse.

Le maître de l'équipage se le réserve ou, dans certain cas, l'abandonne au veneur.

(1) Ainsi périt à Chantilly en 1725 le duc de Melun, tué par le cerf auquel il s'apprêtait à donner le coup de grâce avec son couteau de chasse. Il existe un monument commémoratif de cet événement dans la forêt.

Les incidents de ce drame sont nombreux, émouvants, passionnants; tous ceux qui y ont assisté en gardent un souvenir ineffaçable. Il arrive que le cerf poursuivi mène l'équipage, cavaliers et chiens, à une vitesse vertigineuse pendant plusieurs heures. En 1835, on chassa le cerf en Seine-et-Oise dans la forêt de Rochefort avec la meute du baron de Schickler, un sportsman de grand renom. Les relais étaient stationnés dans la direction de Rambouillet et de Dourdan. Le cerf dix cors prit la route d'Arpajon, entra dans le bois de Biscorne, traversa la forêt de Marcoussy, les taillis de Charmeaux et de Carmes, la vallée de Chevreuse, près d'Orsay, entra dans le bois de Pilleux, gagna la forêt de Verrières, passa l'eau à Meudon, livra bataille près du parc et se jeta enfin dans la cour d'une blanchisseuse à Chaville, après une course de quatre heures et demie sans une seule seconde de repos. La meute comprenait en tout seize couples de chiens. Ils s'engagèrent dans la forêt, dans les terres humides, lancés avec une telle rapidité que les meilleurs chevaux restaient derrière, et dans le bois de Meudon où ils rencontrèrent de nouvelles voies, ils se conduisirent si merveilleusement que pas une seule seconde ils ne suspendirent leur galop effréné.

Le cerf devient rare en France, mais on le trouve encore dans les grandes forêts nationales ou dans quelques riches cantons de particuliers. Outre Fontainebleau, Chantilly, Compiègne et Saint-Germain, les plus belles enceintes étaient jadis celles de Saint-Sever et de Cerisy dans le Calvados, la forêt d'Andaine à Domfront, la forêt d'Alençon dans l'Orne, la forêt de Lyons dans l'Eure, celles de Maulévriez, de

Brotonne, forêt Verte, de Roumare, de La Londe, de Rouvray, dans la Seine-Inférieure, celles des Ardennes.

Quand le cerf perd ses andouillers, il se retire dans une partie éloignée de la forêt où il peut viander en silence, et y demeure jusqu'à ce que ses cors aient repoussé, ce qui nécessite au moins trois mois. Pendant cette période il frappe fréquemment la tête contre le sol ou contre un arbre et c'est ainsi que sa ramure acquiert ces magnifiques tons fauves et tricolores brun, rouge, jaune. Lorsqu'il a recouvré sa parure, que sa tête est majestueusement ornée de sa couronne de branchage, *il songe à sa postérité*. Dans ces moments il entre en fureur, attaque tous ceux qu'il rencontre et ne peut être approché qu'avec danger; il n'a de repos ni le jour ni la nuit, ne mange guère, se bat avec tant d'acharnement que souvent deux cerfs, ainsi en lutte, enchevètrent leurs cors au point de ne plus pouvoir se séparer et meurent dans cette posture. Charles IX dans la *Chasse Royale* cite un fait de ce genre. Pendant cette époque de rut le cerf brame à pleine voix, remplissant la forêt de cris affreux, sans s'interrompre durant toute la nuit.

Il boit peu au cours de l'hiver; l'humidité qui couvre l'herbe suffit alors à étancher sa soif, mais pendant l'été, dans les fortes chaleurs surtout, il est excessivement altéré, et s'enivre littéralement de rosée et d'eau, en plongeant, pour absorber celle-ci en quantités considérables, dans les rivières, les lacs et les étangs. Il se nourrit généralement d'herbes, de mousse et d'écorces.

Le cerf est un des plus beaux animaux de la création. Il

unit la noblesse à la majesté; ses pieds longs, sveltes, élégants, ses yeux brillants, sa tête d'une finesse expressive, sa robe d'une couleur admirable, son cou superbement modelé, sa hauteur qui atteint jusqu'à un mètre, son bois qui

La reposée.

est incomparable, tout ajoute à la grâce, à la beauté de son aspect.

La biche est le symbole de la douceur. Elle n'a d'ordinaire qu'un faon, quelquefois deux. Quand elle est vieille et ne peut plus en avoir elle est dite *bréhaigne*.

Autrefois, quand on s'occupait plus qu'aujourd'hui de l'anatomie du cerf, et quand la superstition s'unissait encore à la science, les chasseurs prétendaient trouver dans le cœur du cerf un petit os en croix qui possédait, assuraient-ils, des vertus médicales tout à fait particulières : comme de guérir les maux cardiaques, de faire repousser les dents des vieillards, et même d'aider à retrouver l'or volé. La *croix du cerf* est indécouvrable maintenant, ce qui prouve que la vénerie elle-même a perdu de ses anciens mérites.

Il ne faut pas confondre le daim avec le cerf. Ils ne sont pas de la même race, bien que les naturalistes disent *cervus dama,* mais ils se ressemblent et on les chasse à peu près de la même manière, sauf que le veneur, qui les rencontre toujours en troupes ou *hardes*, n'a pas besoin de *limier* pour suivre leur piste et peut se contenter de chiens ordinaires bien dressés. Quand on a mis debout une harde, on s'attache à la déharder, c'est-à-dire à la séparer, et cela fait, on découple les chiens en leur faisant empaumer la voie. Le daim ne part jamais avec la vitesse du cerf et par suite sa chasse offre moins d'attraits; il randonne autour de son gîte, s'efforce de dépister les chiens par des ruses et ne recourt que très rarement à une action décisive. Cependant le chien a plutôt l'amour du daim que du cerf. Amour signifie en cette circonstance désir de manger la chair de l'animal. Aussi lorsqu'il arrive à une meute de tomber sur une voie de daim, tandis qu'elle est lancée sur le cerf, abandonne-t-elle ce dernier pour suivre le gibier qu'elle préfère.

Le daim est batailleur et dispute avec ardeur à un rival la possession d'une daine ou d'un pâtis. Ces luttes sont particulièrement intéressantes. Un vieux daim y préside. Il divise les combattants en deux camps et les mène lui-même au combat. Celui-ci ne cesse que lorsque l'une des hardes est vaincue, repoussée du territoire contesté, qui reste en possession du vainqueur.

Les daims ne fraient pas avec les cerfs qu'ils détestent et ceux-ci le leur rendent. Ces inimitiés existent d'ailleurs entre plusieurs races d'animaux qui sembleraient au contraire devoir vivre en bonne entente. C'est le cas du lièvre et du lapin, de la perdrix grise et de la perdrix rouge, et l'on en pourrait citer d'autres exemples nombreux, qui se retrouvent également dans le règne végétal.

Les andouillers du daim sont moins saillants que ceux du cerf, il a le pied plus petit que celui-ci : c'est un pied de cerf en miniature : un daim dix cors marque comme un faon de cerf. Le daim a le pelage moucheté de taches blanches, jaunes ou noires.

On tue le cerf au couteau de chasse. On tire le daim avec du gros plomb.

En réalité, au point de vue cynégétique, le daim, sous tous les rapports inférieurs au cerf, n'a sur ce dernier qu'un avantage culinaire : sa chair est plus succulente. C'est l'avis des chiens et aussi des gourmets.

On a dit du cerf, avec raison, que c'est le roi des forêts giboyeuses. Le chevreuil lui n'en est, suivant une expression pittoresque, que le dandy. Type de la grâce, de l'élégance, avec sa jolie tête, ses grands yeux bruns si doux, ses jambes de gazelle, il se range parmi les jolies créations de la nature. Tout en lui respire la délicatesse, et le goût de sa chair n'en est pas exempt. Il n'y en a point de plus exquise.

La chasse du chevreuil n'est pas émouvante, mais agréable.

Comme le daim, il ne s'écarte pas du canton où il est né. Il est le modèle de la tendresse familiale. Chevreuil, chevrette, brocart vivent en société, et leur règle de vie est le dévouement réciproque. Jamais le mâle, quand il est poursuivi, ne donnera le change aux chiens, comme fait le cerf, en les lançant par artifice sur la femelle ou les petits. Rusé comme le lièvre, il a de plus que celui-ci le sang-froid ; non qu'il soit plus rassuré : le moindre éveil lui fait également dresser l'oreille ; mais il se tranquillise, quand il sait le danger éloigné, et il n'arpente pas des lieues de terrain pour échapper à son ombre. Il déjoue ses ennemis par un ensemble d'artifices et il est à la fois prudent, habile et vaillant.

On le chasse à courre pour le forcer, aux chiens courants, avec le fusil et en battue. A courre, sa poursuite a beaucoup d'analogie avec celle du cerf et elle présente souvent autant de difficultés. Le valet mène son limier en laisse à la forme et ne tarde pas à trouver le chevreuil. Il le met debout, se convainc que la bête est courable, puis se retire. Le chevreuil, trop confiant, croit tout péril disparu, regagne sa demeure sans soupçon, ne se doutant point qu'il est voué à la mort.

On court le chevreuil, si ce n'est point un brocart, en le lançant à la billebaude, c'est-à-dire en fouillant le bois avec toute la meute. Dès qu'il est lancé, les chiens donnent du gosier, leur musique ressemble à une fanfare, et les cavaliers piquent des deux.

Il perce devant les ennemis, double ses voies, bondit en zigzags, et, quand il se persuade qu'il a laissé une belle dis-

Harde de cerfs.

tance entre les chiens, les chevaux et lui, il fait un saut prodigieux et se jette dans un fourré choisi d'un coup d'œil rapide. Là il se couche, attendant l'événement. Cette imprudence amène près de son refuge toute la troupe ameutée à sa perte. Il la voit, demeure silencieux, sans mouvement, espérant ne pas être découvert. Quand il est sûr du contraire, il bondit de nouveau, et tâche de reprendre l'avantage par la fuite. Mais il pense à sa famille, à la chevrette qui l'attend, à ses petits qui comptent sur sa protection, et cette pensée toute tendre le ramène au gîte. La femelle, le voyant dans une extrême agitation, en devine bientôt la cause, et s'apprête à le défendre ou à mourir avec lui.

La chasse au chevreuil se fait avec un petit nombre de chiens que l'on poste aux passées. Elle ne donne généralement pas lieu à autant d'incidents que celle du cerf. A tir, on emploie à peu près le même calibre de plomb que pour le gros canard. On tire le chevreuil à la tête ou à l'épaule, et alors il tombe du premier coup. Les braconniers le prennent à l'affût. Ils s'assurent des endroits où il va viander ou boire ou se reposer. Ils s'approchent de lui, et s'il n'est pas alarmé, ils le tuent facilement, mais s'il a vent de leurs intentions, il file comme un éclair et échappe le plus souvent.

Il y a deux variétés de chevreuils en France, le rouge et le brun. Ce dernier a la chair plus tendre que l'autre. Les plus savoureux viennent des Ardennes, des Cévennes, du Rouergue et du Morvan. Mais il existe à peu près partout, parce qu'il peut vivre dans tous les bois, sauf ceux qui sont plantés.

d'arbres résineux comme les pins, ou ceux où il y a une trop grande humidité.

La chevrette met bas en avril deux faons, un mâle et une femelle. A un an le chevreuil est brocart, et il lui pousse deux petites cornes semblables aux dagues des jeunes cerfs et qui s'appellent broches. La troisième année, il vient deux andouillers sur chaque corne, un devant et un derrière. Le nombre des andouillers augmente successivement d'année en année jusqu'à dix. A six ans il est dix cors jeunement, à sept ans dix cors. Il perd ses cornes en automne, mais elles repoussent en hiver.

Le chevreuil vit dans les forêts, dans les bois peu épais, sur les penchants boisés des collines. Il se nourrit de bruyères, de genêts, de brou de noix, des chatons du saule et du noisetier; au printemps il se régale de jeunes pousses d'arbres. Il aime à vivre sous l'ombrage et ne le quitte que pour aller boire. Il reste toujours avec sa famille et ne se mêle jamais à une harde de cerfs ou de daims.

CHAPITRE XII

LA BÊTE NOIRE :
SANGLIERS
LOUPS
ET RENARDS

En vigie.

La chasse du sanglier se résume en deux mots : labeur et péril. Elle n'est pas faite pour le sportsman qui a souci de son costume ou qui ne saurait partir sans jaquette écarlate, gilet voyant, culotte de peau de daim, bottes vernies, éperons étincelants, gants de chevreau. Le chasseur de bête noire doit être équipé de toute autre façon pour faire face au *vieux solitaire* qui découpera un fashionable maladroit aussi leslestement que vous avalerez une huître. Ce vieux solitaire — c'est le nom du sanglier qui a toute sa croissance — est un personnage aussi peu rassurant qu'endurant. Sa force et sa férocité sont toutes les deux surprenantes, et les énormes boutoirs qui lui servent de défense n'ont pas besoin d'être aiguisés pour percer la peau de l'imprudent qui s'approche inconsidérément de lui.

Le chasseur qui part en campagne contre la bête sait tout cela et s'est armé en conséquence d'une carabine à bayonnette chargée à balles et d'un couteau de chasse qui ne branle pas dans le manche. Dans les grands vautraits ou équipages pour chasser le sanglier, on a recours à l'aide du limier, du valet de limier et du piqueur pour traquer le vieux solitaire dans sa bauge ou son gîte car il est utile de savoir si l'on a affaire à une *bête de compagnie* (jeune sanglier depuis un an jusqu'à deux), à un *ragot* (sanglier de deux ans et demi), à un *tiers-an* (bête de trois ans), à un *quartenier* (bête de quatre ans), ou un *sanglier miré* (bête plus âgée).

En hiver, le sanglier fréquente le plus épais de la forêt; en été, il se plaît dans quelque lieu marécageux, d'où il sort à la nuit pour commettre des ravages dans les environs, en détruisant les vignes et les garennes. Il dévore le lapin, poil et tout, avec une facilité surprenante, le saisissant dans son terrier ou dans ses logettes, et son appétit, étant monstrueux comme lui, il fait d'épouvantables massacres. Après avoir ainsi fourragé, il retourne à sa bauge et s'y repose pendant la journée. Pour dérouter les ennemis qui voudraient le suivre, il revient sur sa voie, au bout de quelques pas, entre dans un autre chemin, recommence sa manœuvre déjà pratiquée et répète ce manège plusieurs fois. Le valet de limier, lui, n'en est pas dupe et retrouve bientôt la bonne piste.

Un sanglier qui a été chassé souvent, un vieux solitaire qui a de l'expérience, est extrêmement prudent et quitte son gîte au premier bruit, mais le chien, pour peu qu'il ait de sentiment, en reprend rapidement parce que la voie a un fumet très odorant. Cependant la bête noire dédaigne le plus souvent les artifices de la meute, se retourne brusquement contre celle-ci, et au ferme lui fait tête et culbute plus d'un limier qu'il évente. Il faut dans ce cas forcer le sanglier, l'obliger à repartir, à reprendre la fuite. La course le fatigue et diminue sa force. Aussi est-il de règle d'assaillir la bête noire à grands cris en faisant dans la forêt un grand vacarme au milieu duquel éclatent les coups de fouet et de fusil. Si cette manœuvre réussit, le solitaire baisse la hure et fond en avant avec violence, ne déviant point de la ligne droite qu'il n'y soit contraint par quelque obstacle infranchisable. Il pousse devant lui; brisant, renversant, écrasant, massacrant, s'il le peut, tout sur son passage.

Souvent il surgit inopinément du refuge qu'il s'est choisi et où après avoir marqué l'endroit de ses boutis (traces de son boutoir) il a dessiné son *seuil*, l'empreinte de son corps. Si, au moment où il s'élance de sa retraite, un chasseur se rencontre sur sa trajectoire et ne peut se garer à temps, c'est fatalement un homme perdu, l'animal lui infligeant de graves blessures avec ses redoutables défenses.

Quand le solitaire commence à faiblir, quand sous les cris des piqueurs et des veneurs, accompagné de sons de trompe « *Hou! hou! prenez mes beaux, hou, hou, il est là* » la fatigue s'empare de lui, il cherche un rocher, un arbre où s'appuyer et alors s'engage la bataille avec la meute : les chiens jonchent le sol de leurs cadavres. Mais voici l'arrivée des chasseurs et les fusils partent, les balles pleuvent et frappent juste, s'enfonçant dans la chair de la bête, sans lui causer toutefois beaucoup de mal, si ce n'est lorsqu'elle est touchée en une partie vulnérable ; au rein, à l'épaule ou en flanc.

Quelques chasseurs hardis tâchent de le frapper avec le couteau pendant qu'il est aux prises avec la meute. Ils ne réussissent généralement qu'à lui fournir l'occasion de bondir en arrière et de reprendre la fuite. S'il se jette résolument sur l'un d'eux, ce qui lui arrive rarement, à moins qu'il ne soit dans la saison de fureur ou qu'il ne veuille répliquer à un coup reçu, ou qu'il n'ait devant lui qu'un seul ennemi, (il a conscience du nombre de ses assaillants et en profite toutes les fois qu'il a le dessus), il faut l'exciter et ne pas lui faire obstinément peur, car il s'écartera brusquement de la position de celui qui veut le frapper, le *servir*, et l'atteindra en travers.

Une main expérimentée le servira dans ce cas en passant, mais il s'éloignera pour aller recommencer le combat plus loin, jusqu'à ce qu'il ait reçu une balle mortelle. Même alors, quand il est abattu, il reste dangereux pour quiconque l'approche de trop près, homme ou chien. Il importe donc d'user de la plus grande prudence pour le dépêcher ou mettre à mort.

Ceux qui chassent le sanglier sans grand *vautrait*, avec un équipage moins dispendieux, se bornent à avoir avec eux un couple de chiens solides, bouledogues ou bloodhounds, et cherchent sa bauge favorite, en ayant soin de ne pas engager la lutte dès le début. Quand le vieux solitaire, coiffé par la meute, est sans mouvement, on le saigne, mais on a d'abord la précaution de lui envoyer à bout portant le coup de grâce pour éviter, au réveil suprême, les décousures. On donne alors la curée aux chiens, mais il est rare qu'ils mangent de sa chair.

La hure, le filet, le cuissot sont, au point de vue culinaire, les morceaux honorables. Un cuissot de bête de compagnie est un régal de roi. Henri VIII d'Angleterre le prouva en anoblissant son cuisinier, le jour où ce Vatel lui présenta ce mets exquis.

Le sanglier se trouvait jadis en nombre dans le sud et l'ouest de la France mais on le chassait surtout en Bretagne et en Normandie. Il atteignait alors et atteint encore aujourd'hui en certaines régions des proportions énormes. En 1829 on en a tué un dans la forêt de Cornillau, près de Bourbonne-les-Bains, qui pesait 485 livres et avait trente balles dans le corps.

La bête noire émigre en grandes hardes à la recherche de lieux propices, et dans cette période d'émigration, on peut suivre la marche des solitaires, des laies et des marcassins à la trace ou *laissée*, mais il est impossible de leur barrer la route. Ils passent les rivières à la nage, franchissent les glaces, brisent toutes les barrières et clôtures, ne s'écartant pas de leur voie mais la déblayant devant eux. Ces émigrations se font d'une forêt à l'autre.

Le sanglier n'atteint toute sa croissance qu'entre la deuxième et la troisième année, quand il est « bête de compagnie ». Avant ce temps, à six mois, il est *marcassin*, et à un an, *bête rousse*. Un vieux solitaire peut vivre jusqu'à trente ans.

Les loups ne se mangent pas par les hommes pas plus qu'ils ne se mangent entre eux, mais on leur donne la chasse, comme à des bandits. Et en effet le loup commet ses attentats en bandes armées de terribles crocs et fait dans les troupeaux, partout où il peut les attaquer, des ravages dont la réalité est telle qu'on pourrait croire que ceux qui les constatent imaginent des récits purement fabuleux. Il y a cinquante ans, dans certaines contrées de la France, on a vu des propriétaires de moutons perdre du fait de cinq loups seulement jusqu'à trente mille francs en une seule saison. Pour combattre ces déprédations on a créé la *louveterie*, à la tête de laquelle se trouvent les *louvetiers*, chargés de veiller à la destruction des loups en encourageant la tuerie. On leur donna même sur certaines régions le droit de faire à cet effet des battues dans les propriétés privées. A cette époque on payait une tête de loup abattu 200 francs, une tête de louve pleine 300 francs, un louveteau 20 francs. Ces primes ont été beaucoup réduites.

La principale difficulté qu'offre la chasse du loup consiste à forcer l'animal, c'est-à-dire à l'obliger à sortir de son antre. On n'y parvient qu'avec une meute nombreuse : 50 à 60 couples de chiens au moins. Ce sont là des équipages coûteux, et qui ont été abandonnés peu à peu, à mesure que les loups se sont éloignés des localités habitées.

Pour forcer le loup, la meute entre au bois aussi promptement que possible, et tâche ainsi d'approcher de l'animal avant qu'il ne batte en retraite; mais cette manœuvre est très difficile, car le loup est toujours en éveil et détale pour peu qu'il se doute de l'arrivée d'un ennemi. Il est lâche avant tout, et comme tous les lâches, il n'use de sa force que contre les faibles, quand il est sûr de ne pas rencontrer de résistance. Si la forêt est vaste et étendue, il n'est guère possible de le traquer il randonne, rentaille, double ses voies, forlonge et met en œuvre toutes les ruses. Les chasseurs n'ont d'autre moyen que de pousser leurs chiens afin de le rattraper, de le contraindre au ferme en l'acculant ou de l'abattre dans son refuge. Mais si la forêt est moins spacieuse ou moins abondante en fourrés, il épargne à ceux qui le poursuivent tout le mal qu'ils se donnent, en prenant la résolution de sortir de là, de gagner un autre bois où il sait qu'il sera à l'abri et pour cela il n'hésite pas à faire quinze et vingt lieues de course au galop.

Quand on ne peut disposer d'une meute nombreuse, on ne courre pas le loup, on se contente de le chasser à tir ou bien on combine les deux modes, ou encore plusieurs chasseurs se réunissent en amenant chacun leur couple de chiens. Cet usage existait autrefois en Bretagne et l'union faisait la force. Les chasseurs, s'ils ne sont pas nombreux, doivent observer le plus grand silence et se cacher, car le loup qui a la vue perçante fait vite le compte de ses ennemis, et s'explique avec une étonnante sagacité leur stratégie.

Toutes les fois qu'un loup est blessé à mort, on évite de laisser les chiens s'approcher de lui : il se défend en effet avec rage jusqu'au dernier instant de son agonie. Aussi faut-il le servir à distance d'un coup de fusil pour éviter un corps à corps suprême avec la meute.

La force du loup mourant est presque incroyable : Louis XIII pour s'en assurer donna à ses chiens les plus forts un grand loup blessé à la tête. Les ennemis se jetèrent sur lui trois par trois successivement. Il en tua jusqu'à douze de cette manière avant d'expirer. Le Masson raconte, dans la *Nouvelle vénerie normande,* qu'en 1839, un loup prodigieux se montra, au commencement de mai, dans la forêt de Mortain, qui fait partie du département de la Manche. Après avoir été traqué et poursuivi par la meute du comte de Bonvouloir, il fut roulé par un des chasseurs. Il poussa un cri terrible, se traîna, se ramassa, et fit encore une lieue de chemin; il finit par se réfugier dans une cavité, mais non sans avoir décousu plusieurs chiens. Un piqueur le tua net.

Quand la présence d'un loup est signalée dans une localité, le louvetier de la région assemble les chasseurs de bonne volonté, prend le commandement de l'expédition, indique à chacun un poste convenable et entre ensuite dans la forêt avec un petit nombre de rabatteurs. Le loup qui les voit revenir tâche de se dérober, mais il trouve toutes les

passes gardées et reçoit un accueil meurtrier partout où il se
présente. Tous le visent à l'épaule, et s'il échappe à la

Un veneur à poigne.

fusillade s'il y a quelque désordre dans les rangs, il regagne le cœur de la forêt : alors il y a peu de chance de le
débucher une seconde fois.

Le meilleur moyen de détruire ces bandits est la battue générale ou la traque. Le louvetier dirige les mouvements des traqueurs. C'est une tâche difficile et une entreprise dangereuse. On assemble une centaine d'hommes déterminés armés de toutes sortes d'instruments capables de donner la mort, fourches, fusils, piques, sabres : ce sont les traqueurs. Après avoir assigné les divers postes aux chasseurs de manière à ôter toute possibilité aux loups de passer entre eux, on donne le signal de la traque, on bat les arbres et les buissons, on décharge les fusils et les carabines, on fait entendre les sons retentissants du cor et du tambour, de façon à produire un vacarme, tout en avançant lentement, régulièrement, et en poussant devant soi ce que l'on rencontre sur son passage. Les loups ainsi forcés surmontent leur répugnance de quitter leurs réduits. Alors le massacre commence et pas un n'est épargné.

Il arrive que le nombre des loups n'est pas assez grand pour nécessiter une traque, et dans ce cas, ou bien quand la forêt est trop vaste pour permettre la battue, on établit un *tour à loup*. Pour cela on choisit dans le voisinage d'une ferme, un lieu convenable, de préférence là où la bête a coutume d'exercer ses ravages. On entoure cet endroit d'un cercle de 8 à 10 pieux de diamètre, et on délimite l'enceinte par une palissade de pieux hauts d'une dizaine de pieds, Ces pieux sont pointus et profondément enfoncés en terre, à cinq ou six pouces de distance l'un de l'autre, en laissant une ouverture pour servir d'entrée dans l'enceinte. On décrit un second cercle concentrique, dont la circonférence est à deux pieds de distance de la première avec un rayon moindre. On palissade également cette seconde enceinte qui est entièrement fermée, mais à claire voie, et l'on attache à l'intérieur de ce second enclos à un piquet un mouton, une chèvre ou une oie. L'ouverture de la plus grande circonférence est munie d'une porte à ressorts tournant sur des gonds et aménagée de telle sorte que, poussée du dehors, elle se referme d'elle-même lorsqu'on est entré et ne peut plus se rouvrir qu'en dehors. Le loup attiré par les bêlements ou les cris de l'animal prisonnier approche en son allure cauteleuse accoutumée, et à la fin voyant une porte entrouverte, il entre, d'autant plus que le chemin circulaire entre les deux palissades a été foulé avec soin pour simuler un sentier battu. Une fois entré, la porte se referme. Au bruit il revient précipitamment sur ses pas. Impossible de fuir. Il est pris et vite capturé ou tué.

Les loups n'attaquent pas seulement les moutons, mais lorsqu'ils sont affamés, et c'est le cas ordinaire, ils se jettent sur les bestiaux. Quand ceux-ci sont en nombre, ils forment un véritable bataillon carré mettant au milieu les plus jeunes et les plus faibles et reçoivent l'ennemi, cornes baissées ; s'ils ont le temps d'opérer cette manœuvre, c'est un rempart inexpugnable. Les loups devant cette résistance se retirent, et il arrive que le troupeau, pris de fureur, leur donne la chasse à des distances considérables, en maintenant la stratégie.

« Le loup, nous dit Buffon, est désagréable en tout, la mine basse, l'odeur insupportable, le naturel pervers, les mœurs féroces, il est odieux, nuisible de son vivant, inutile après sa mort ». Il a l'aspect du chien mais ne le confondez pas avec celui-ci dont il ne partage en rien la noblesse. Cette ressemblance n'est du reste qu'apparente; la tête n'est pas du tout la même, c'est une tête sinistre, avec des yeux brillants, des yeux luisant la nuit, des yeux qui respirent l'astuce et le crime, une gueule allongée, des oreilles courtes, droites, une queue épaisse, velue.

Le loup de France est fauve, gris et blanc. En Normandie il y a des loups noirs, l'un à poil ras, l'autre soyeux comme le chien. Ils habitaient autrefois la forêt d'Alençon.

Le jeune loup à six mois est un *louveteau;* de six mois à un an, un *louvart;* d'un an à trois il est *jeune loup;* à trois ans c'est un *vieux loup;* après quatre ans un *grand vieux loup.* Il vit de quinze à vingt ans.

Le loup s'abrite dans quelque vieux gîte de blaireau qu'il élargit; il y apporte de la mousse et des herbes sèches dont la louve se fait une litière. C'est là qu'elle allaite ses petits pendant quelques semaines. Si ce séjour devient périlleux, elle les transporte au loin en un autre abri qu'elle a préparé d'avance pour le cas d'attaque, et l'on ne peut nier que cette précaution témoigne d'une grande sagacité. Mais la crainte qu'elle éprouve, en ces circonstances, la surexcite tellement que l'on a vu des louves pourchassées devenir folles, prises de frénésie, de rage. Malheur alors à ceux qu'elles rencontrent! La superstition dit même que le paysan ou la paysanne qui aperçoivent de loin ou de près une louve folle dans sa course désordonnée sont frappés eux-mêmes de folie.

Tout loup qui a goûté de la chair humaine devient féroce

et s'attaque en toute occasion à l'homme. « J'ai ouï conter, dit Louis Viardot dans ses *Souvenirs de chasse en Russie*, bien des accidents, bien des meurtres d'hommes commis par

Au ferme dans la mare.

des loups, mais voici de toutes ces histoires la plus lamentable et la plus étonnante, très vraie pourtant et justifiée par des preuves authentiques : Pendant l'année 1812, de fatale mémoire, un détachement de soldats, on dit vingt-quatre hommes, qui changeaient de cantonnement dans un gouvernement du centre, furent attaqués la nuit par une nombreuse troupe de loups et dévorés sur la place. Au milieu des débris d'armes et d'uniformes qui jonchaient le champ de bataille on trouva les cadavres de deux ou trois cents loups tués à coups de balles, de bayonnette et de crosses de fusil. »

Le renard n'est à tout prendre qu'un bandit comme le loup, mais c'est un bandit élégant. Il ne s'attaque qu'aux petits, aux faibles, aux poules, aux faisans, aux oiseaux, et s'il n'inspire pas l'horreur que l'on a pour le tueur de moutons, s'il n'ose pas se mesurer avec l'homme, il n'en cause pas moins des dégâts considérables qui méritent châtiment. Aussi lui donne-t-on la chasse.

La chasse au renard, très pratiquée en Angleterre, et moins usitée en France, fait partie de la vénerie. Elle se fait à peu près partout dans les mêmes conditions. On commence par lui fermer les issues, et l'on en vient assez aisément à bout. Le renard est soupçonneux mais timide. Le moindre changement dans l'apparence extérieure de son gîte lui fera faire des réflexions. « Il y a là quelque chose qui n'est pas bien clair, » se dira-t-il, et, devinant quelque piège, il transportera sa résidence ailleurs.

Quand, au retour de maraude, une oie grasse égorgée entre les dents, il revient à son logis et juge qu'il n'est pas prudent d'y rentrer, il va se remiser dans un fourré ou au cœur de la forêt où il demeure, l'œil au guet, jusqu'à ce que les chiens viennent le forcer. Si le refuge est étroit, il détale aussitôt d'un pas alerte pour quelque autre abri éloigné de celui-ci et qu'il s'est ménagé d'avance, car il est trop astucieux, pour ne pas prendre ses précautions, et bientôt il met du terrain entre la meute et lui. Dans ce cas, le moyen de ne pas le laisser s'échapper est de disposer quelques barricades qui lui coupent le chemin. Mais si la forêt est vaste, il y trouve assez d'espace pour se mouvoir, aller, venir, doubler ses voies, et bafouer les meilleurs chiens du monde pour peu qu'il n'ait à faire qu'à eux seuls. Il compte là-dessus sans doute, et c'est ce qui cause sa perte. Les chasseurs se sont mis en tête d'avoir sa peau, et quoi qu'il fasse, il l'y laissera ; mais il faudra qu'on s'y prenne adroitement. Serré de près, il imaginera mille ruses pour se soustraire, montera dans un arbre ou il se postera en vigie masqué par les feuilles et laissant passer toute la procession sous lui. Blotti dans un terrier, en choisissant le plus large possible, il s'y pelotonnera, s'y fera tout petit, au risque de suffoquer. Poussé à ses fins, ils se réfugiera dans une anfractuosité de rocher, dans une souche, et quand les chiens arriveront trop près il fera voir ses dents : gare à eux !

« Il a, dit Buffon, la voix de la chasse, l'accent du désir, le son du murmure, le ton plaintif de la tristesse, le cri de la douleur, qu'il ne fait entendre qu'au moment où il reçoit un coup de feu qui lui casse un membre. » Souvent toutes ces démonstrations ne sont que comédie. Vous croirez l'avoir blessé, et vous en êtes sûr puisqu'il est là, étendu à quelques pas sans mouvement. Le chien approche, le flaire : il ne bouge pas. Il est donc mort, puisqu'il ne donne aucun signe de vie. Mort, lui ? allons donc. Faites un pas en avant et vous le verrez se ramasser et décamper sous le nez de votre chien ahuri; car il a des tours dans son sac qui est inépuisable. J'en ai connu un qui se raillait positivement de toute la région : dindons, canards et oies disparaissaient par douzaines et attestaient sa présence ; mais de le trouver, impossible. Cependant l'enceinte n'était pas grande, quelques hectares à peine ; on découvrait souvent sa trace, on lançait les chiens sur lui. Vaine recherche. Pas plus de renard que si la terre s'était entr'ouverte pour l'engloutir. Nous prîmes une grande résolution. On organisa une chasse à courre. Nous revenions tous bredouille, et pourtant il était là, ses marques rendaient le doute matériellement impossible. Plus penauds que lui après sa déconvenue avec le corbeau dans l'affaire du fromage, nous nous disions : « Ce n'est pas le compère qui pille nos poulaillers, nos basses-cours, ce ne peut être qu'une fouine. Veillons, non sur lui, mais sur elle. » Il profitait de notre maladresse.

Un matin, le jardinier en descendant dans le jardin, se trouve nez à nez avec lui. Le Normand, pour ne pas mentir à sa réputation, dévastait la plus belle de nos treilles qui grimpait sur un mur de dix pieds de haut. Le jardinier n'avait pas de fusil, de bâton, mais des sabots aux pieds. Maître Renard, qui était au bas de la vigne, entendit le claquement des chaussures de bois et grimpant sur un vieux poirier il en escalada la hauteur, courut sur le chaperon, trouva de l'autre côté du lierre et se laissa couler doucement jusque sur le chemin où il disparut. On nous avertit. Nos chiens furent bien vite sur pied et nous avec eux en route. Même résultat que d'habitude. De renard point ! Il nous déjouerait donc éternellement. Mais il aimait trop les raisins et ne les trouvait pas trop verts. Il était tout simplement revenu à la treille et après avoir déjeuné dormait tranquillement. Les chiens l'y surprirent. En quelques instants son affaire fut claire.

Le renard vit quatorze ans. Au bout de la seconde année il est en pleine croissance. Le renardeau est fauve, rouge; à mesure qu'il avance en âge, il grisonne. Il y en a de noirs en Bretagne, en Normandie et en Bourgogne. On les appelle des *charbonniers*. Certains naturalistes assurent que dans quelques contrées du Nord, il en existe de tout blancs dont les pieds seuls ont la couleur fauve.

Le renard n'est pas seulement le symbole de la ruse, tel que nous le connaissons par les fables de La Fontaine. C'est aussi un animal d'une sagacité ordinaire et d'une rare prévoyance. La construction de son terrier en donne la preuve.

Un aventurier.

Un officier de génie militaire n'aurait certainement pas mieux fait : voici le poste d'observation, à l'entrée, la *maire*, comme on dit, où il vient étudier les opérations de l'ennemi. Quand de cette antichambre où il est inaperçu, mais d'où il voit tout, il a pu reconnaître le terrain et le plan d'attaque, dès qu'il voit l'affaire sérieuse, il se recule dans la seconde pièce, la *fosse*, où sont ses provisions et qui a deux issues. C'est là qu'il médite le parti à prendre en dévorant placidement un blanc de poulet gardé en réserve. Et lorsque au dehors, les clameurs des chiens redoublent, il pénètre dans le fond de sa demeure, l'*accul*, où la renarde se trouve avec les renardeaux et où il y a encore une issue. Cette dernière lui servira de sortie. De l'une à l'autre des trois pièces du terrier il y a des galeries ou *fossés*. Et l'espace est suffisamment grand pour s'y mouvoir, car un terrier a de 15 à 30 mètres de circuit.

Les Anglais ont dressé une liste scélérate, où figurent tous ceux qui, selon la dénomination que leur donne le garde-chasse en France, composent, parmi les animaux, la *vermine*, c'est-à-dire les oiseaux ou quadrupèdes pouvant causer du dommage. D'après cette liste les bêtes nuisibles se divisent en trois catégories : la première qui ne fait que du mal et en fait beaucoup, tels les putois, les chats, les rats, les belettes, les fouines, les éperviers, les pies, les corneilles. La seconde, celle qui, tout en faisant du mal, peut rendre quelque service et a par conséquent droit aux circonstances atténuantes : geais, choucas, crécelles, hérissons. La dernière, hostile au gibier évidemment, mais fournissant aussi un élément de chasse et pour cette raison, méritant un rang à part : blaireaux, faucons, buses, corbeaux, hibous et..., renards. A les juger impartialement ce sont tous des braconniers, quelle que soit la couleur de leur manteau ou de leur robe. Mais la sentence peut s'exécuter sans être appliquée de la même manière : le piège pour ceux-ci, le poison pour ceux-là, le fusil et le chien pour d'autres. Le chasseur, lui, ne choisira que ce dernier moyen. Il ne s'en prendra qu'à ceux que l'on pourrait nommer les « scélérats nobles », et pour lesquels il se réservera « le plaisir du châtiment » abandonnant le reste au garde.

Un Anglais sentimental dit même très sérieusement à ce propos : « Il y a des animaux, que nous désignons à tort peut-être sous le nom de bête de rapines, et qui sont visiblement chargés par la nature de procéder par des destructions intelligentes à l'élimination des animaux d'ordre inférieur qui pourraient nuire à la loi de sélection. Ils ne s'en prendront dans une couvée qu'aux faibles, aux malingres. Ils ne s'attaqueront pas à ce coq vigoureux et hardi qui fuit à tire d'aile à la tête de la jeune bande dont il est le roi, mais il choisira le pauvre diable de « culot » qui vient tout tremblant derrière les autres. Et croyez que ce système de sélection vaut bien, pour la perfection de la race, toutes les recettes imaginées par les hommes. »

C'est, paraît-il, l'excuse du faucon et peut-être aussi du renard. Comme mot de la fin d'une histoire de chasseurs rien de plus ingénieux. Vous voyez d'ici la scène :

> Un vieux renard mais des plus fins
> Grand croqueur de poulets, grand preneur de lapins,
> Sentant son renard d'une lieue
> Est enfin au piège attrapé.

Il tient encore sous sa dent la pauvre poule qu'il a dérobée.

Le chasseur qui le surprend en flagrant délit s'élance sur lui.

— Ah! scélérat, je te pince!

— Pardon, mon maître, répond le compère d'un ton patelin, je fais œuvre utile et non coupable.

— Mais cette poule, tu l'as volée, tu l'étrangles! Ce crime...!

— Tu dis crime, je crois? Détrompe-toi, je contribue tout simplement au maintien de la loi de nature : je ne tue pas, je sélectionne...

> Garde-toi tant que tu vivras
> De juger les gens sur la mine.

TABLE DES MATIÈRES

TABLE DES GRAVURES

MDCXCVIII
À
LA BIBLE
D'OR
EN
MDCCXII
MDCCCLX
IMPR. DE
L'ACADÉMIE
FRANÇAISE
EN
MDCCCXI
VITAI LAMPADA TRADVNT